嘿，反常的我

为什么在亲密关系中，我变成了另一个人？

LOVE ME,
DON'T LEAVE ME

〔美〕米歇尔·斯凯恩（Michelle Skeen） 著
陈玉嫦 译

成都时代出版社
CHENGDU TIMES PRESS

图书在版编目 (CIP) 数据

嘿，反常的我 / (美) 米歇尔·斯凯恩著 ; 陈玉嫦译 . -- 成都 : 成都时代出版社 , 2020.8
ISBN 978-7-5464-2600-6

Ⅰ. ①嘿··· Ⅱ. ①米··· ②陈··· Ⅲ. ①情绪—自我控制—通俗读物 Ⅳ. ① B842.6-49

中国版本图书馆 CIP 数据核字 (2020) 第 079464 号

LOVE ME, DON' T LEAVE ME: OVERCOMING FEAR OF ABANDONMENT AND BUILDING LASTING, LOVING RELATIONSHIPS
By MICHELLE SKEEN, PSYD, FOREWORD BY WENDY T. BEHARY, LCSW

四川省版权局 著作权合同登记 图进字 21-2020-58 号

嘿，反常的我
HEI，FANCHANGDEWO
（美）米歇尔·斯凯恩 著 陈玉嫦 译

出 品 人 李若锋
责任编辑 李茜蕾
责任校对 刘 瑞
策 划 郭晓波
封面设计 仙境设计
责任印制 张 露
出版发行 成都时代出版社
电 话 （028）86619530（编辑部）
（028）86615250（发行部）
网 址 www.chengdusd.com
印 刷 清淞永业（天津）印刷有限公司
规 格 145mm × 210mm
印 张 8.5
字 数 147 千
版 次 2020 年 8 月第 1 版
印 次 2020 年 8 月第 1 次印刷
书 号 ISBN 978-7-5464-2600-6
定 价 49.80 元

序　言

我在咨询室里见过的最撕心裂肺的来访者莫过于那些失去或幻想失去另一半的人。对这些人来说，这种关系的破裂所引发的情感痛苦和压抑会让他们产生难以忍受的抛弃感、背叛感、操纵感和情绪剥夺感。

有时候，这些痛苦的感觉会转变成消极的应对行为，例如不停地自责、总是迎合他人的需求、刻意地回避问题、对伴侣过于警惕或依恋、无休止的怀疑、反复琢磨报复，甚至出现严重的抑郁、焦虑和自残行为。

如果我们的童年充斥着大量的消极经历，如失去亲人、被忽略、被虐待，或者觉得自己不被爱、不受欢迎、不够优秀，那么对我们来说，想要建立一种健康的人际关系就是一件极具挑战的事情。

通常，在童年阶段因关键情感需求未被满足而导致的应对方式将深深扎根于我们的大脑的生存系统，当我们面对或感知到威胁时，它们就会充当我们的自动导航仪。

在某些特定的情况下，比如我们被伴侣抛弃时，那些孤独、羞耻、自卑、抛弃、拒绝和多疑等一度难以忍受的感觉就会被触发。这可能会快速激活你的应对方式，但讽刺的是，即使是早期的一些有益事件都可能成为自我挫败的元素，它们甚至会进一步加剧痛苦、绝望的感觉。这本书将会为大家详细讲解这一情况。

在治疗自恋者的过程中，自恋者的伴侣也会来寻求我的帮助，这是很常见的事。自恋者们（尽管有时他们确实很迷人）除了感到低人一等和自己不被人爱之外，也总会面临这样的困境："冒犯者"的威胁和贬低。如果自恋者们还受到早期照顾者的虐待或抛弃，那么失去另一半的幻想就会给他们造成难以想象的、超出合理范围的恐惧和悲伤。

他们还会产生这样的感觉和信念："这简直就是毁灭性的……虽然我的母亲的确很苛刻，但这不就印证了她的话吗？在我这一生中，母亲总是提醒我还不够好、做事总是让人不满意。”“也许这是我活该。兄弟姐妹（或同龄人）嘲笑我、欺负我都是应该的，因为我压抑……或者因为我聪明，或者因为我戴眼镜，或者这就是我的命吧。”她说这一切的时候，泪水流满了整个脸庞，她的内心也在撕裂着。

斯凯恩一直是图式疗法（Schema Therapy）的实践者和教育者，她为读者提供了缜密的指导，呈现了明确的工具性指南，帮助他们治疗创伤。这些是改变自动行为反应的有效策略，是扭转偏颇生活模式的有效途径，也为亲密关系这一主题带来了新的启发。

我很高兴向大家推荐这本书，我坚信这本书非常适合那些害怕被抛弃而不断挣扎的人，也非常适合那些失去爱人而痛苦万分的人。这本书还能帮助那些一直被放错位置的人（或未获得应有对待的人）。本书将成为我们的强大战友，也必将是无与伦比的“真相帝”。它将无愧于“健康之音”这个称号！

温迪·T. 巴哈丽（Wendy T.Behary）

国际图式疗法学会（ISST）主席

引　言

你害怕被抛弃吗？也许你已经深刻地意识到抛弃感的存在，或者你已经知道它严重地影响着你的人际关系和生活，这种烦扰的感觉总是缠绕着你，挥之不去。现在就让我们来看看害怕被抛弃是如何阻止我们建立持久有爱的关系的。

你觉得自己必须完美无瑕，否则就会被拒绝；为了避免孤独，你会刻意忍受他人的批评、指责及其他情绪的折磨吗？你会隐藏真实的自我吗？你会担心他人发现自己的瑕疵吗？如果他人没有及时回复你的短信、邮件或语音，你会感到焦虑吗？当你觉得他人尝试推开你的时候，你会变得黏人且霸道吗？你担心他人离开你，所以你会选择先行离开吗？为了逃避因害怕抛弃所产生的恐惧，你会投入工作吗？你会用食物、酒精或药物麻醉自己吗？你会因为他人的缺席而惶然无措吗？这种慌张并不会因为他人的解释或者不解释而改变吗？为了逃避孤独，你宁愿维持不健康的关系吗？又或者，因为担心最终被抛弃，所以你会避免一切关系吗？

这些想法和恐惧会触发强烈且痛苦的情绪，你会因此感到羞愧、伤心、孤独、求而不得、愤怒及焦虑。这些情绪可能会让我们难以忍受，我们热切地盼望着能摆脱它们，或者至少将它们的影响降到最低。于是，我们又回到以前的行为模式。当我们能够正确评价生活中的人际关系时，我们便会意识到这些应对行为根本不奏效。

为什么会有这样的结论呢？因为它们根本不可能帮助我们建立良好的人际关系。但同时你会发现想要获得健康、持久、有爱的关系太难了，这需要我们付出很多努力，但我们根本没有足够的时间和精力去应付。我十分理解你们。降低自己的要求和期望的确比提高动力和决心容易得多，拥有这种感觉十分正常，特别是当我们总是担心被伤害，总是感到害怕失望的时候。

我们可能会怀疑：改变真的值得吗？我们有必要冒这么大的风险吗？我们已经受够了，而改变又可能会给我们带来更大的情感痛苦。

我们都清楚不健康的人际关系会给我们带来痛苦，我们会感到悲伤、孤独、不被理解、缺爱、没有安全感，我们渴望得到更多（却并不一定认为自己值得拥有）。大部分的人都不知道健康的人际关系能够带给我们什么。在健康的人际关系中，我们能够感受到被爱、被理解、有价值、被尊重及被欣赏，我们只需要做自己，对方就能接受我们的所有，包括缺点。

我们是否可以重新审视自己的恐惧呢？我们是否可以以全新的角度看待自己、他人及我们的关系呢？我们是否可以远离过去，建立持久有爱的关系呢？我们能够以全新的方式处理痛苦情绪和消极想法吗？我们是否能够主动选择自己的行为呢？我们是否能够越来越靠近渴望已久（却一直担心没法获得）的健康关系呢？

这本书旨在帮助大家理解并接受这样一个事实：**我们没有错，我们不应该责怪自己**。童年时期的经历造就了我们的恐惧，使我们形成了对自己、他人及世界的看法。这就是我们的故事，它包括痛苦的信息和经历。当我们面对过去的痛苦经历时，我们可能会感到焦虑或害怕。但是过去的故事总是以某种方式伴随着我们，有时它们潜伏在阴影中，有时又光明正大地出现在阳光下。最重要的是，我们要以正确的眼光看待它们。

在过去的故事及其引起的想法、情绪和行为反应的基础上，我会帮助大家建立全新的关系，这是本书的目标之一。如果我们的关系总是受到过去故事的影响，那么不管我们是否意识到这种影响，它们都会时刻阻碍我们建立渴望已久的关系。

本书的终极目标是帮助大家建立健康的关系，而不必受恐惧的控制。我们应该如何达成这个目标呢？现在让我们来了解一下这段精彩的旅程。

在第一章中，我们会仔细分析大家对被抛弃的恐惧。部分人可能已经察觉到自己对被抛弃的恐惧，但本章会带领大家去深刻认识这种恐惧的方方面面。此外，我还会向大家介绍其他四种根深蒂固的信念（我将它们称为核心信念），它们通常与抛弃恐惧紧密相联。它们分别是：多疑和虐待、情感剥夺、自我否定和失败。为了阐明这些核心信念，本章乃至本书将会为你提供一些故事案例。

为了帮助大家认识与五个核心信念相关的常见信念，第二章将会提供五个简短的评估。在第三章中，我会详细解释常见的陷阱，它们可能会为我们制造额外的痛苦。概括地说，前三章会引导大家认识自己的故事，包括我们的信念及我们应对触发核心信念情境的行为反应。

在第四章至第八章，我将会为大家介绍一些概念和练习，它们能够帮助我们培养远离过去故事的必要技能。它们包括正念，树立核心价值观，更加深刻地理解自己的想法、情绪和行为，且以新的方式看待和处理它们。

我会在第九章为大家介绍一些沟通技巧，它们是发展并维持健康关系的必要条件。最后一章旨在帮助大家面对约会中的挑战，包括识别交友过程中的危险信号。

本书为大家提供的旅程是经过深思熟虑的，在这段旅程中，大家能感受到理解、关爱和挑战。我理解大家的痛苦，因为我也有过类似的经历，而且本书中的许多故事就有我的影子。我已经走过这段旅程了，我可以向你保证这段旅程所引发的情感痛苦和所要求的艰难练习都是有回报的，因为它们能够帮助我们建立健康、持久、有爱的关系。**我们都会经历痛苦，这是人类的一部分**。本书将会帮助大家减轻痛苦，但我们不可能完全避免痛苦。然而，这个过程要求我们下意识地去改变。我真诚希望这段旅程能够帮助广大读者形成一种有爱的自我关系，摆脱羞愧的外衣，因为它只会让我们停留在过去，控制我们的现在。

想要完成这段旅程，我们需要不断努力。有时我们可能会感到挑战满满，特别是在需要检查消极想法、情绪和行为的时候。本书提供的练习旨在帮助大家迈向渴望已久的健康关系。为了完成练习，我们需要做好记录，并随时追踪自己的进度。记录能够帮助我们集中注意力，把信息集中在一个地方让我们有机会注意到自己的行为模式，反思自己的价值观和经验，规划自己的进度。我们可能会经历充满困惑或挑战的时期，这时记录下你的旅程将会对你很有帮助，因为这样，我们就可以回顾自己的过去，庆祝自己取得的进步了。

选择哪条路并不重要，重要的是我们在每段旅程上的努力和进步。让我们以高昂的激情来开始这段旅程吧……

目录

第一章 你为什么总是害怕被抛弃？

第二章 触发抛弃恐惧的五种核心信念

第三章 我们的大脑和关系陷阱

第四章 活在当下，摆脱核心信念的掌控

第五章 用核心价值观代替核心信念

第六章 核心信念触发的消极想法对关系的影响

第七章 核心信念触发的消极情绪对关系的影响

第八章 核心信念触发的消极行为对关系的影响

第九章 在亲密关系中，我们都需要沟通的艺术

第十章 关系不伤人：如何建立一段新的关系？

第一章

你为什么总是害怕被抛弃？

每当有人想要离开你或者你必须独处时，你就会产生消极情绪。你可能会对离开你的人产生愤怒，可能会因在乎的人离开而感到伤心，可能会因自己的孤僻而羞愧，可能会对无法确定的事感到焦虑。你害怕你们现在的关系最终会决裂，你担心对方会永远离你而去。你思考过为什么自己会产生这样的感觉吗？

童年的经历创造了我们的故事，这些故事影响着我们的一生。你是因为拥有被抛弃经历而阅读这本书吗？你是否曾经被重要的人抛弃？你的父母、你的抚养照顾者、兄弟姐妹、亲朋好友是否经常离你而去？他们是否经常长时间消失？他们与你的相处总是断断续续吗？你们总是无法确定相处的时间吗？他们的爱是附带条件的吗？你是在寄养家庭长大的吗？你的父母沉溺于酒精吗？你的父母离婚了吗？抚养和照顾你的人有精神类疾病吗？你被过度保护吗？不管你的童年环境或经历如何，以上的任何一种（或几种）情况都会让你感到被孤立和被抛弃。

作为新生儿和儿童，我们的生存取决于与他人的联结。我们需要依赖照顾者，如果他们不给我们提供健康、安全和保护，我们就无法存活。因此，害怕失去这种联结是一个健康的人必须面对的生存反应。

如果你的故事让你害怕被抛弃，那你很可能会掉进恐惧的深渊。由于担心被抛弃，你的想法和你的情绪也会时刻受到恐惧的影响。此外，你还可能受困于自身的行为反应循环，即对被抛弃的恐惧会激发你产生消极的想法和情绪，而消极的想法和情绪会让你自动陷入消极行为的旋涡当中。

回忆一下你的童年经历，你是否发现自己被类似的关系吸引？就算他们使你感到难堪，你还是会被那些固执的、苛刻的、没有原则的、粗暴的、阴晴不定的、漠然的、冷漠的、混乱的和情绪矛盾的人所吸引？一旦面临压力，你是否会变得黏人、喜欢抱怨、极易愤怒、容易被操控、十分挑剔或者喜欢控制他人？还是会变得胆怯、喜欢疏远他人、容易生气、麻木（例如，以药物、酒精或者食物麻醉自己），或者会变得注意力不集中（例如，用购物、做爱、冒险和赌博来分散注意力）？**你的核心信念把你拖进消极情绪、想法及行为的深渊之中，让你伤痕累累**。它们剥夺了你的幸福，夺走了你渴望拥有——也值得拥有的健康有爱的关系。

我们为什么不尝试改变呢？改变，能帮助我们走出阴影，能赋予我们力量，让我们跳出故事的陷阱，明白自己对被抛弃的恐惧（及其他核心信念），了解刺激我们核心信念的情境和关系，习得客观观察消极想法的能力，远离对消极想法的偏见和控制，获得控制消极情绪的能力，从而不再冲动行事。我们为什么不尝试识别自己的价值观呢？因为一旦知道自己在乎的东西，我们就能把它们当作动力，就能做出对自己大有裨益的行为，就能培养新的沟通技巧，改变对自己和他人的看法。那我们为什么不建立健康、持久、有爱的关系呢？

我愿邀请你踏上这段旅程，我愿成为你的向导，我愿你能开启自我意识、自我认知、自我发现、自我关爱的征程。我发誓，在你需要的时候，我会温柔地帮你一把；我会带给你关爱、怜悯、鼓励和理解。因为，你值得拥有！

为什么你会害怕被抛弃？

为了抵抗一些无法控制的外部因素，你早已对被抛弃的恐惧构筑起一个平台。对被抛弃的恐惧（及其他核心信念）深深扎根于你与生俱来的气质（性格）及你所处的外部环境中。当你还是孩子时，你根本没有办法控制这些因素。由于信念建立在这些因素之上，所以即使是现在的你也难以摆脱，只好听之任之、受其控制。因此，每当碰到这样的威胁时，每当有人想要离开你或者你必须独处时，你就会产生消极情绪。你可能会对离开你的人产生愤怒，可能会因在乎的人离开而感到伤心，可能会因自己的孤僻而羞愧，可能会对无法确定的事感到焦虑。你害怕你们现在的关系最终会决裂，你担心对方会永远离你而去。你是否思考过，为什么自己会产生这样的感觉？

其实这些感觉源自你与生俱来的气质与后天的经历和“培养”（依恋模式）。想要清楚了解自己对被抛弃的恐惧及其发展，我们需要明白先天的因素与后天的“培养”，需要了解自己的依恋模式、安全感和性格。

依恋模式

童年时期形成的依恋模式会对成年后的依恋模式产生至关重要的影响。在性格形成初期，我们与照顾者的关系是怎样的？了解这一点对我们理解现有的关系大有裨益。现在先让我们看一下三种不同的依恋模式。

安全型依恋

孩子的安全型依恋模式通常就是我们理想的那样：

- 当遇到糟糕的情况时，他们会寻求照顾者的安慰，因为他们知道照顾者会抚慰他们、让他们舒心。
- 照顾者总能随时出现在他们身边，他们对此非常有信心。
- 当照顾者离开时，他们会感到难过。

- 当照顾者再次回到他们身边时，他们会异常兴奋。
- 孩子喜欢照顾者的拥抱，这让他们感到安心。

照顾者离开孩子时，孩子会感到难过，这是正常的反应。总的来说，照顾者在孩子人生中是安全的，无论是在身体上还是在情感上，他们都能够给予孩子持续的关注和爱护，因此让孩子感到安全。**安全型依恋的孩童能够获得照顾者可靠且一致的情感支持和认同**。

回避型依恋

与安全型依恋的孩子相反，回避型依恋的孩子的主要照顾者喜欢拒绝别人、性格苛刻，因此这种依恋型的人群通常表现为：

- 为了安全，他们不太依赖自己的照顾者。
- 对待照顾者，他们有时候很有攻击性。
- 在家庭环境中，他们比安全型依恋的孩子更加黏人、苛刻。
- 即使照顾者的离开让他们感到很沮丧，他们也并不关心照顾者是否回来、什么时候回来。

在这种情况下，孩子不能从照顾者身上获得始终如一的安全感。对他们来说，照顾者是不能被依赖的，他们可能对照顾者感到愤怒、痴黏或不感兴趣。

矛盾型依恋

矛盾型依恋的孩子的照顾者通常性情不稳定，为孩子创造的环境混乱不堪。这会导致：

- 孩子非常焦虑。
- 在家庭环境中，孩子黏人且苛刻。
- 照顾者离开时，孩子感到沮丧；照顾者回来时，孩子非常渴望亲近他们。但无论怎样，没人可以安慰他们。

这一类型的孩子经常焦虑，与照顾者分开时，他们会被焦虑情绪压垮。

越能获得持续且一致的关爱，孩子就越能够发展稳定的自我依赖，也越能培养对他人的信任。照顾者与孩子的稳定关系事关孩子的总体适应性是否稳定，包括他们与其他人的关系、处理压力情境的方式、对他人的期望及对待世界的方式。

安全型依恋的孩子在思考方面更加灵活，这赋予他们管理自己冲动和热情的能力，相比焦虑型依恋的孩子（包括回避型依恋和矛盾型依恋），他们在这些方面略胜一筹。没有安全依恋经历的孩子总是感到不安，正因为如此，他们极容易被恐惧和消极情绪打倒，这会削弱他们管理冲动和热情的能力。为了生存，他们必须斗争——至少给人的感觉是这样。

被抛弃的恐惧和早期依恋有着密切的关系，虽然安全型依恋的孩子也可能发展出被抛弃恐惧的核心信念和本书讨论的其他核心信念（例如多疑和虐待、情感剥夺、自我否定和失败）。这可以通过孩子的性格、适应性或童年时期发生的“创伤”来解释。这可能包括与主要照顾者关系的破裂，如照顾者死亡、照顾者离异或更换主要照顾者，无论在情感上还是在身体上，新的照顾者是不能为孩子提供旧照顾者所能提供的安全和踏实的感觉的。

但当我们观察那些回避型依恋孩子的照顾者时，我们很容易发现他们喜欢拒绝且性格苛刻，这与孩子的抛弃信念、多疑和虐待信念、情感剥夺信念、自我否定信念及失败信念有很大的关系。同样，矛盾型依恋的孩子的照顾者性情多变且混乱，这让我们很容易就能将孩子根深蒂固的自我认知、对他人的期望和本书讨论的五个主要核心信念联系起来。

安全感

安全感是各年龄段的人发展安全依恋的关键因素。这也是被抛弃的恐惧如此可怕的原因之一。依恋始于生存的基本需要。在我们还是婴儿时，如果我们被抛弃了，我们就无法存活于世。可见，我们的生命、我们的人生完全取决于另外一个人。因此，如果我们对初始关系感到焦虑、没有安全感，这是十分恐怖的。担惊受怕会侵蚀我们的所有，使我们的生活黯然失色。当我们的生命都没有保障的时候，我们是很难将精力投放于其他事情上的，更不用说能精神饱满地释放压力了，因为我们根本不可能对抗自己的冲动和处理自己的欲望。因此，对于没有形成安全型依恋的孩子来说，每一次压力的降临都可能成为他们的致命危机。他们无法腾出时间深思熟虑，无法挑选合适的措施，无法有效地回应压力，只能任由本能反应牵引自己。

性格

性格能够决定我们对他人及整个世界的看法。因此，性格对我们来说至关重要。遗传因素能够增加人们患上焦虑症、抑郁症、惊恐发作及社会焦虑感的风险，这也是边缘型人格障碍（Borderline Personality Disorder，简称BPD）的主要病因之一。生理因素和环境因素的“良好”结合是边缘型人格障碍的生成机制。患有边缘型人格障碍的人更容易陷入环境的刺激中。毫无疑问，他们之所以对环境如此敏感，是因为他们拥有不安全的人生经历（例如，童年时期或青少年时期的抛弃经历、混乱的家庭生活、恶劣的家庭沟通方式及性虐待等）。此外，不安全的依恋也是导致边缘型人格障碍的原因之一。

让我们再来看看伊莱恩·阿伦（Elaine Aron）关于高敏感人群的定义。她指出，大约15%~20%的人拥有这一特质，他们对周围环境的蛛丝马迹都异常敏锐，这也是他们的优点。但他们的缺点也很明显，相比于不敏感的人群，高敏感人群更容易感到挫败，他们的情绪反应更加频繁，也更加剧烈。高敏感人群一般情感脆弱，这是他们的生理倾向和性格特质之一。

认识你的核心信念

童年经历为我们的人生烙下了深刻的印记，构建了人生的基本框架。所谓的人生烙印，即核心信念，是我们认知外界环境、挖掘其中意义的参照物。**每个人都拥有核心信念。童年早期形成的信念会影响我们成年后的信念，它们指导我们的世界观、人生观和价值观**。核心信念能够帮助我们节约时间，因为它们能协助我们评估各种情况。但需要注意的是，事物自有其规律。因此，我们的信念可能会时刻受到质疑和攻击，甚至发生错误。

核心信念出错，会使我们陷入消极的境地：基于过去的经历，核心信念能够帮助我们预测现在和未来。从这个角度看，核心信念能够保护我们。但是，**如果我们的童年经历“有**

毒”[①]，我们的现在和将来就会携带当中的“毒性因子”。这种情况下的核心信念从本质上来说就是消极的，过去的成长经历和接受的信息会深深影响着我们。因此，我们对自己、对他人的看法可能是扭曲的。这些消极的想法使我们痛苦万分，每当被触及时，我们总要遭受巨大的情感冲击。

核心信念的本质是二元性的：它们既有耀眼的一面，也有暗淡的一面；它们既有消极的一面，也有积极的一面。核心信念的这一特征使我们能够轻易地辨别经历的好坏。事情发生的频率越高，处理事情的时间就越少，因为我们的固有想法、情感和行为会及时地介入（第三章将会更加详细地介绍这一部分）。即使外界环境没有为我们提供任何信息，我们的核心信念也能够发挥评估的作用。也就是说，我们会根据自己对他人或者情境的期待直接得出结论。例如，当你觉得伴侣无聊、缺乏吸引力的时候，你会认为：他/她的离开只是时间问题。

在“早期适应不良模式”（Early Maladaptive Schemas，简称 EMS）的发展过程中，杰弗里·E. 杨（Jeffrey E. Young）

---

① 专业用语，来自畅销书《中毒的父母》。

博士阐述了这种模式的构建。这是一个包含18种模式的子集，这些模式产生于一个人童年时期未被满足的核心需求或者“有毒”的童年经历。杰弗里认为，“早期适应不良模式”是一个具有广泛影响力的主题或模型，它包含记忆、情感、认知及身体感受。它能够反映个体与他人的关系，这些关系在童年时期就已形成，会影响我们的一生，是我们一生的烙印。总之，**早期的不良适应模式会影响我们的一生**。

把人生经历当作故事，我们就能想象核心信念是如何影响我们的行为的。在我们的大脑中，人生故事能够发挥人物独白的作用，能够转述经历、评价他人及预测结果，能够协助我们保护自己免受伤害。当我们否认自己的时候，当独白自我嘲笑的时候，问题就会随之产生，我们的行为也会受到影响。因此，这样的核心信念会使我们陷入一种消极的行为反应循环中无法自拔（更多内容详见第三章）。

抛弃信念及其四个共谋者

在这本书中，我们将要探讨的第一个核心信念是抛弃。但除了抛弃，我还确定了另外四个核心信念（这五个核心信念都属于“早期适应不良模式”）。我认为其他四个核心信念都是抛弃的“共谋者”。

如何理解这句话呢？其他四个核心信念能够秘密助长抛弃信念的嚣张气焰，加剧被抛弃的恐惧。因此，为了阐明抛弃这一核心信念，本书特引入其“共谋者”。

我们必须对自己的核心信念了然于心，这样才能防止不在我们意识之内的核心信念变本加厉地“残害”我们。其他四个核心信念，为触发抛弃恐惧或随抛弃恐惧而来，它们分别是多疑和虐待、情感剥夺、自我否定、失败。因此，远离抛弃恐惧的第一步就是认清自己的核心信念，让它们成为自己意识的一部分。让我们先看看它们的定义：

♥ **信念1——抛弃**：这一核心信念根源于童年时期身体或情感的疏忽、缺乏情感支持或联系、处于不稳定或不可靠的环境中。

♥ **信念2——多疑和虐待**：这一核心信念产生于童年时期的不良经历，通常包括虐待（言语虐待、身体虐待或者性虐待）、背叛、侮辱或操纵。

♥ **信念3——情感剥夺**：产生这一核心信念的人通常认为他人无法为自己提供正常范围内的情感支持，无法满足自己的情感渴求。这一信念源于以下三种形式：

a. 正常养育的缺失，即缺少关照、温暖及陪伴。

b. 同理心的缺失，即不被理解、不被聆听、缺乏自我表露、缺乏与他人分享感受的经历。

c. 安全感的缺失，即缺乏他人的保护、指点和引导。

♥ **信念4——自我否定**：这一核心信念使人们总是认为自己有缺陷、有瑕疵、不讨人喜欢，总是觉得自己在很重要的方面低人一等。他们担心一旦自己的“缺点”被暴露，别人就会讨厌自己。这些缺陷可能是隐秘的（例如，不值得被爱、隐秘的性需求），也可能是公开的（例如，特别在意的身体特征或行为）。

♥ **信念5——失败**：这一核心信念使人们怀疑自己的能力、强调自己的不足，这一类人总是认为事情最终都会失败。他们总觉得自己是个失败者。对于自己的成功，他们总觉得是侥幸，其实自己根本配不上。

第二章将会为大家提供一个测试，它可以协助我们认清自己的核心信念。现在，让我们先听听这五种核心信念的故事，它们可以让我们做到将概念融入生活。

核心信念：抛弃

拥有抛弃信念的人通常会这样想：**爱我的人会离开我或者死去，没有人能够陪伴我，曾经的至亲都会不知不觉地消失，我将孤独一生**。

阿瓦（Ava）就拥有这种抛弃信念。现在让我们来看看阿瓦的故事。

阿瓦在单亲家庭长大，是家里的独生女。早在阿瓦出生之前，阿瓦的母亲就与父亲分开了。阿瓦从来没有见过父亲，最初的记忆都与母亲的男朋友鲍勃（Bob）有关，他们经常一起到公园玩耍。让她印象特别深刻的是，母亲告诉她，她再也见不到鲍勃了。为此，她号啕大哭、伤心欲绝。这种痛苦一直伴随着阿瓦的成长。

阿瓦的下一个依恋对象是母亲的新男朋友罗斯（Ross），她对他的感情也十分深刻。罗斯和她们一共生活了5年，正是在这5年的相处中，阿瓦经历了情感的跌宕起伏。罗斯和阿瓦的相处十分融洽，他们总能制造出很多的乐趣。但是罗斯和阿瓦的母亲经常吵架，不是因为金钱就是因为罗斯逃避结婚。每次大吵之后，罗斯总会离家数天。阿瓦总是渴望着罗斯的回归，总是担心他会永远离开自己。与罗斯的关系结束后，阿瓦的母亲继续与其他男士展开不稳定的情侣关系，最短的只持续了几个月，而最长的则有5年之久，这些关系贯穿了阿瓦的童年生活。

由此可见，阿瓦之所以拥有抛弃信念，是因为生活中的父亲形象总是不辞而别。

核心信念：多疑和虐待

拥有多疑和虐待信念的人，他们可能有这样的想法：**我总是被自己至亲的人伤害；我必须保护好自己，否则他人就会利用我；我信任的人总会在言语、身体和性方面虐待我**。

除了抛弃信念，考特尼（Courtney）还拥有多疑和虐待信念。让我们来看看她的故事。

考特尼是家中的独生女，她的家族是权力和财富的象征，父母十分溺爱她。她是在奢华的生活环境中长大的。

与其他富裕家庭不同的是，她的祖先十分让人尊敬和钦佩，这种荣耀只有极少数家族可以想象和比拟。所有人都认为考特尼的童年完美无瑕，因为她的家人向公众释放的信号总是那么让人艳羡。她的父母向所有人明确表示他们总是把女儿摆在第一位，而慈善事业、生意及社会责任都是次要的。

考特尼的父母是社会上的灵魂人物，掌控着各方的命脉。但在家里——在长长林荫道的尽头、在大门车道的尽头、在桃花木雕刻的大门后面——他们既无趣又无爱。他们在派对酒会上绅士无比，但在家里却卑鄙无比；他们喜欢吵架，有时甚至挑剔考特尼，即使都是些鸡毛蒜皮的小事；在人前，她的父母待她如珠如宝；在背后，父母把她当作垃圾。虽然考特尼早已习惯，但每当“灾难”来临时，她还是惊恐万分，他们的言语就像刀子一样刺痛着她幼小的心灵。

在父母的言语虐待结束后，保姆总是来安慰考特尼——保姆总是尽力让她感到安全和被爱。不幸的是，当觉得考特尼太过依恋保姆时，她的父母就会毫不留情地解雇保姆，而且他们并不会告诉考特尼真相。相反，他们以伤害的方式欺骗她。他们告诉考特尼，保姆不愿意照顾她，所以自动离职了，并让她认为这是铁一般的事实。因此，在18岁之前，她已经换过15位保姆。

由此可知，考特尼之所以会发展多疑和虐待的信念是因为其父母的严苛斥责。此外，她还拥有抛弃信念，因为她总是不断地被迫更换照顾者。她依恋她的保姆们，她们的离开对她造成了巨大的伤害。

核心信念：情感剥夺

拥有情感剥夺核心信念的人通常会有以下想法：**我感到孤单；没人愿意给予我足够的爱；在我的生活中，没有人真**

正在乎我，没有人能满足我的情感需求；我无法与他人建立可靠的情感联系。

麦德兰（Madeline）拥有情感剥夺和抛弃信念。让我们来看看她的故事。

每当提及自己的童年生活时，麦德兰总是赞颂自己有爱的父母。麦德兰一家属于美国社会的工人阶级，他们家有6个孩子，父亲勤恳工作、母亲性格坚韧。表面上来看，他们的故事非常鼓舞人心，是一个积极追逐美国梦的温暖家庭。父亲在公司升职的事迹是美国20世纪50年代典型的励志故事。父亲从20岁开始就在公司工作，最初他只是一名在收发室工作的普通工人，当时，他的妻子正怀着第一个孩子。

在接下来的10年中，家中增加了4个孩子，而麦德兰的父亲也一路攀升，成了中层管理者。麦德兰把父母的教诲深深地刻在了脑海中，他们的言传身教使麦德兰受益匪浅。但是，她从未听过父母对自己说“我爱你”三个字，这对她影响至深。麦德兰想抓住最后一个机会，听听自己渴望已久的“我爱你”，她希望母亲能亲口对她说。

那时，麦德兰的母亲已经躺在病床上奄奄一息，麦德兰陪伴在她身边，这是她们的最后一次相处。她告诉母亲自己很爱她。遗憾的是，母亲没有用同样的三个字回应她，她的嘴角微微翘起，随即闭上眼睛。当时麦德兰15岁。

之后，她继续刻苦完成高中的学业。她心里怀揣着一个伟大的目标，她想成为家中第一个上大学的孩子，来让父亲感到惊喜。当麦德兰收到几个大学的录取通知书时，她为自己的成绩感到非常自豪，她想象着父亲一定也会为她感到骄傲。但她的兴高采烈很快便化为乌有，让她失望透顶的是父亲的冷漠回应："你打算怎么交学费？"

麦德兰的核心信念——情感剥夺和抛弃，是因为失去母亲、情感需求不被满足及缺乏情感联结和支持引起的。

核心信念：自我否定

拥有自我否定信念的人通常会有以下想法：**如果大家真正了解我，他们就会拒绝与我交往；我不值得被爱；我为自己的缺点感到十分羞愧；我给大家呈现的是虚假的自我，如果他们看见真实的自我，他们就不会喜欢我了**。

阿里（Ali）就拥有自我否定和抛弃信念。让我们一起看看她的故事。

在阿里的一生中，她的姐妹们总是彼此亲近，她却像个局外人，总是融入不了她们。对此，她总感到一丝嫉妒。姐姐比她年长18个月，她十分渴望与姐姐建立亲密的关系。但是，无论阿里如何努力促进彼此的关系，结果总是不尽人意。不可否认，她们之间存在着巨大的差异——阿里高挑、瘦削、聪明、有趣，但她的姐姐矮小、肥胖，虽然姐姐也聪明，但是非常挑剔、难以相处。所以母亲总是偏爱姐姐是因为她们的身形相似、拥有共同的减肥目标吗？还是因为母亲被姐姐的愤怒吸引？还是因为姐姐的愤怒正好与她长期积累的怨恨有着千丝万缕的联系？有时候，阿里甚至觉得她们轻蔑自己，她们怨恨她那快速的新陈代谢和爽朗的笑声。

相反，父亲十分喜欢阿里。相比母亲和姐姐，他更加乐观外向，他们在一起时，总能制造很多乐趣。阿里觉得只要父亲在身边，生活就会轻松许多。当阿里进入青春期，父亲和她的关系开始变得越发复杂。为了争取独立，阿里开始犯青少年常犯的错误——她违反宵禁、超速被罚、偷饮酒精。她不再是父亲眼中完美的小女孩。阿里发现只要父亲对她失望，他便会快速从她身上转移自己的注意力和爱。奇怪的是，在这段时间里，她从母亲和姐姐身上获得了更多的积极关注。

从大家的表现看，她总觉得自己做错了什么。她认为，自己表现得太完美时会遭到母亲和姐姐的嫌弃，犯错误时又会引起父亲的不满和失望。因此，无论如何，她总是被部分家庭成员抛弃，她总是被迫认为自己存在缺陷。

核心信念：失败

如果你拥有失败信念，你可能会有这样的想法：**大部分同龄人都比我成功；在生活中，我总不如他人聪明；与他人不一致会使我感到十分羞愧；我没有任何过人之处。**

利拉（Lila）拥有失败和抛弃信念。让我们一起看看她的故事。

利拉出生在纽约。利拉的父母是从印度移民到美国的，他俩都是纽约大学医学院毕业的大学生。后来，他们还成功当上了受人尊敬的医生。利拉自小在曼哈顿东区长大。从幼儿园到高中，利拉就读的都是声名显赫、学术成果优异的学校。她的父母十分聪明也非常成功，所以他们渴望利拉也有同样的人生。老师和同学都十分喜爱利拉。实际上，自上学以来，她一直都属于最受人欢迎的类型。但是，学习成绩总让她挣扎不休。

她在幼儿园第一次标准化考试中排名52。利拉的父母对学业分数十分重视，为此，他们专门约见了学校校长，与他讨论利拉的测验成绩不佳的原因。当被告知利拉可能是因为天气不好或对标准化测试的格式不熟悉的时候，他们终于稍微松了一口气。校长向他们保证利拉并没有在课堂中表现出学习困难的状态，他们无须带利拉去做相关的测试。于是，父母要求利拉必须在学校更加努力学习，他们确信优良的遗传基因能够极大地帮助利拉，现在成绩不好只不过是因为她还没有合理运用天赋。他们确信利拉的成绩能够在班级中名列前茅。

五年级结束时，利拉收到了第6次标准化测试的成绩。这一次，父母甚至没有和利拉讨论测试的结果。他们已经清楚，利拉只不过是成绩平平、处于中游的普通学生。更为糟糕的是，利拉的朋友都处于快速生长的时期，而她反倒长得有点儿缓慢。直至毕业，她依然是朋友当中的宠儿，也是学校最受欢迎的孩子之一。她没有获得毕业荣誉，但和其他所有同学一样，走上舞台接受了学校授予的毕业证书。可惜的是，利拉的父母并没有出现在观众席上。

之所以会形成失败信念，是因为利拉觉得自己不及班上的其他孩子；之所以会形成抛弃信念，是因为父母没有给予她无私和温暖的爱，他们的爱和认可是有条件的。

也许这些故事跟你没有半点儿关系，但我希望你能够同情这些人，他们是可怜的，因为至亲没有给予他们渴望得到的情感和关爱。

认清自己的核心信念

认清自己的核心信念是十分必要的，这样我们才能更好地理解自己为什么觉得某些关系如此具有挑战性，为什么这些关系使我们如此痛苦。通过检视自己的童年经历，我们可以揭开核心信念的神秘面纱。但是，这会给我们带来极大的情感痛苦——它可能会触发愤怒、羞愧、孤独、伤心、焦虑及内疚。记忆会刺激强烈的行为。但请记住，**发现核心信念的旅程是为了了解自己、认识自己**。因此，切勿责怪自己、埋怨他人。只有这样，我们才能走出阴影，形成新的沟通方式和行为模式。其实，我们都被曾经的故事影响，掉进了其设下的陷阱之中。

我们不能改变过去，但我们可以重新开始！让我们从理解过去的经历开始吧！

北京 ⇌ 上海

第二章

触发抛弃恐惧的五种核心信念

童年经历为我们的人生烙下了深刻的印记，构建了基本的框架。每个人都拥有核心信念，早期的信念会影响我们成年后的信念。触发抛弃恐惧的五种核心信念是抛弃、多疑和虐待、情感剥夺 、自我否定、失败。

过去的故事永远不会消失，不经意的回忆满满都是我们童年的经历。过去的故事包含了根深蒂固的想法、情感及感觉，它们是永远不可能被改变的。尝试改变过去只会让我们更加无助、更加压抑。但是，我们可以认识自己的故事、了解它对我们现在生活的影响，这种力量很强大，足以使我们有能力改变现在，改变未来的关系模式。

如果我们对自己的信念毫不知情，如果我们根本摸不透事情的本质，我们就难以处理它们带来的消极影响。因此，我们必须认清自己的核心信念，它能够为我们对付消极情绪提供有效的线索。当触发事件来临时，核心信念会唆使我们产生不良反应，而了解核心信念能够让我们更好地理解和控制这种影响（第三章将会详细叙述这部分内容）。

进行自我评估及回答随后的问题时，请务必记住不同的心态会得出截然不同的结果。如果我们认为童年经历已经离我们远去，我们与它们的关系已经十分疏远，得出的分数便不能准确反映我们的核心信念。因此，**最理想的心态是我们允许自己触及自己的童年经历**。在我们发现自己的分数显著不同，请不必惊讶，这一定是因为我们的评估发生在不同的时间段里和不同的心态下。

评估没有对错之分，尽力做好就可以了。在每一种核心信念的自我评估之后，我都会与大家分享一些额外的因素和考虑。

对抛弃信念的自我评估

如前所述，有抛弃信念的人认为我们依赖的人不能为我们提供稳定且可靠的支持和联系，他们情感不稳定或难以预测、不可靠或不固定、将会死亡或为他人而抛弃我们。

请根据自己的实际情况，给下面这些语句评分。（1分 = 完全不符；2分 = 基本不符；3分 = 有点儿符合；4分 = 比较符合；5分 = 基本符合；6分 = 完全符合）

- 我异常担心我爱的人会死亡或离我而去。
- 我非常依恋周围的人，因为我害怕他们会离开我。
- 我不能从他人身上获得稳定的支持。
- 我总是爱上那些不太忠诚的人，即使他们无法给我带来稳定的感情。
- 生命中的人总是来了又去。
- 当我爱的人离开我时，我伤心欲绝，绝望透顶。
- 我总是偏执地认为我爱的人将会离我而去，而且是我“主动”赶走他们的。
- 我的至亲都不可靠。他们上一秒还与我其乐融融，下一秒可能就会离我而去。
- 我非常需要其他人。
- 我终将独自一人。

总分________

10～19分：非常低。这一核心信念可能不适合你的情况。

20～29分：有点儿低。这一核心信念可能偶尔符合你的情况。

30～39分：中等。这一核心信念存在于你的生活中，对你的人生有一定的影响。

40～49分：高。这绝对是你的主要核心信念之一。

50～60分：非常高。这一核心信念强烈地影响着你的生活。

奥黛丽（Audrey）说："我在抛弃核心信念评估中的得分有点儿低，但我知道被抛弃的强烈感觉经常困扰我的生活、影响我的人际关系。我拥有家庭，但我并不是他们的重心，他们甚至几天或者几个星期后才回我电话。因此，我感到一种强烈的被抛弃的感觉。这一感觉藏匿在我的脑海中，影响着我与其他人的人际关系。"

确实，评估只是为了进一步确认你的核心信念，其实我们早已经知道自己拥有抛弃信念了。另外，其他核心信念可能充当"共谋者"的角色。一旦其他核心信念被触发，我们的抛弃信念也会"发挥作用"。

对多疑和虐待信念的自我评估

多疑和虐待信念是抛弃信念的四个常见的“共谋者”之一。如果我们的成长环境让我们不再信任亲近的人，我们就会缺乏安全感；如果我们曾经受到身体虐待、言语虐待、情感虐待或性虐待，我们很可能会拥有多疑和虐待的信念。

请根据自己的实际情况，给下面这些语句评分。（1分 = 完全不符；2分 = 基本不符；3分 = 有点儿符合；4分 = 比较符合；5分 = 基本符合；6 = 完全符合）

- 我总是觉得他人会伤害我或利用我。
- 在我的生命里，我亲近的人都虐待我。
- 我喜爱的人最终都会背叛我，只不过是时间问题。
- 我必须保护自己，保持警惕。
- 一不小心，他人就会利用我，占我便宜。
- 我经常考验身边的人，测试他们是否真的支持我。
- 在他人伤害我之前，我会先试着伤害他人。
- 我害怕他人靠我太近，因为我总觉得他们会伤害我。
- 我对他人对我做的事情感到愤怒。
- 那些本应该值得信赖的人却在身体方面、言语方面和性方面虐待我。

总分________

10～19分：非常低。这一核心信念可能不适合你的情况。

20～29分：有点儿低。这一核心信念可能偶尔符合你的情况。

30～39分：中等。这一核心信念存在于你的生活中，对你的人生有一定的影响。

40～49分：高。这绝对是你的主要核心信念之一。

50～60分：非常高。这一核心信念强烈地影响着你的生活。

注意：即便你的总得分比较低，但如果你在某个或某几个语句上的得分达到5分或6分，那么这一核心信念就存在于你的生活中，对你的人生有一定的影响。

如果你在这一核心信念上的得分较低，但你总觉得这一核心信念与你相关，那不妨考虑一下童年的一些情景，这样你就可以断定这一核心信念是否明显影响着你的生活了：

- 你总觉得父母藏着一些本该跟你分享的秘密。
- 家庭成员之间互藏秘密。
- 家庭内部的沟通不顺畅。
- 家庭内部滋长着一种无形的不信任气氛。
- 在最脆弱的时候遭受批评或嘲笑。

梅丽莎（Melissa）说："我在任何一个语句上的得分都不超过5分，但我清晰地记得自己曾经告诉第一任男朋友我不想和他约会，因为与男士相处让我感到难受，我不信任他们，我不想被他们伤害。"如果出现这种情况，请跟随自己的感觉。不容置疑，自我评估是一个很好的工具，它是经过测试的、被证明合理可靠的。但有些经历是在我们意识之外的。因此，请相信自己的直觉吧。

对情感剥夺信念的自我评估

情感剥夺是抛弃信念的另一个“共谋者”。如果我们的成长环境缺乏情感支持、关照、爱心、指导和理解，那么情感剥夺很可能是我们的核心信念之一。

请根据自己的实际情况，给下面这些语句评分。（1分 = 完全不符；2分 = 基本不符；3分 = 有点儿符合；4分 = 比较符合；5分 = 基本符合；6分 = 完全符合）

♥ 我需要更多的爱，可事实总是让我失望。

♥ 没有人真正理解我。

♥ 我经常被那些冷酷的伴侣吸引，虽然他们不能满足我的需要。

♥ 即使是身边最亲近的人，我也感觉与他们难以相处。

♥ 没有人能够与我分享一切、关心我、在乎我。

♥ 没有人能给我温暖、拥抱和爱。

♥ 没有人愿意倾听我的内心、在乎我的需要和感受。

♥ 即使内心非常渴望有人可以指导我、保护我，但我总是喜欢拒绝他人的好意。

♥ 我习惯性地拒绝他人的爱意。

♥ 大多数时候，我是孤独的。

总分_______

10～19分：非常低。这一核心信念可能不适合你的情况。

20～29分：有点儿低。这一核心信念可能偶尔符合你的情况。

30～39分：中等。这一核心信念存在于你的生活中，对你的人生有一定的影响。

40～49分：高。这绝对是你的主要核心信念之一。

50～60分：非常高。这一核心信念强烈地影响着你的生活。

注意：即便你的总得分比较低，但如果你在某个或某几个语句上的得分达到5分或6分，那么这一核心信念就存在于你的生活中，对你的人生有一定的影响。

如果你觉得这一核心信念明显影响着你的生活，但你的得分低于期望值，那不妨考虑一下以下这些童年情景，说不定它们能帮你解开谜团：

- 你感觉父母爱自己的兄弟姐妹多于爱自己。
- 父母吝啬于表达爱意，你觉得自己像个被抛弃的孩子。
- 你觉得自己和家里的其他人不一样，怀疑自己是爸妈收养的，正因为这样，他们才不理解你，不爱你。
- 你觉得自己与同龄人不一样，在童年时期，你很少与朋友联系。
- 你认为他人的需要和感觉比自己的重要。
- 他人根本不在乎你的感觉和经历，没有人愿意倾听你，你根本无法证明它们的存在。

维罗妮卡（Veronica）说："我觉得我的父母十分爱我，但在成长的过程中，我得不到自己想要的爱。在我的生命中，没有人真正在乎我的感受，没有人真正理解我、关心我。"

对自我否定信念的自我评估

自我否定信念通常会与抛弃信念一起劫持我们的生活。如果你总是觉得自己不好、觉得自己不值得拥有美好的事物、觉得自己有缺陷，如果你认为他人了解真正的你之后会讨厌你或拒绝你，那么你很可能拥有这种自我否定信念。

请根据自己的实际情况，给下面这些语句评分。（1分 = 完全不符；2分 = 基本不符；3分 = 有点儿符合；4分 = 比较符合；5分 = 基本符合；6分 = 完全符合）

♥ 一旦真正的自我暴露，所有人都不会喜欢我。

♥ 我天生就有缺陷和缺点，我不值得被爱。

♥ 我心里总藏着一些秘密，我不愿意与他人分享，即使是最亲近的人。

♥ 父母不爱我，是我的错。

♥ 我总爱隐藏真实的自我。我觉得真实的自我是丑陋的、不被接受的。我只会向他人展示虚假的自我。

♥ 我总是被那些苛刻的人吸引，虽然他们总拒绝我。

♥ 我待人苛刻，时常拒绝他人，特别是那些爱我的人。

♥ 我总爱贬损自己的高尚品质。

♥ 我的生活充满了对自己的责疚。

♥ 暴露缺点是我最害怕的事情之一。

总分______

10～19分：非常低。这一核心信念可能不适合你的情况。

20～29分：有点儿低。这一核心信念可能偶尔符合你的情况。

30～39分：中等。这一核心信念存在于你的生活中，对你的人生有一定的影响。

40～49分：高。这绝对是你的主要核心信念之一。

50～60分：非常高。这一核心信念强烈地影响着你的生活。

注意：即便你的总得分比较低，但如果你在某个或某几个语句上的得分达到5分或6分，那么这一核心信念就存在于你的生活中，对你的人生有一定的影响。

这一核心信念严重影响着许多人的生活，拥有这一核心信念的人总是被外在或内在缺陷感侵袭。有些人可能得分较低，但缺陷感却总是伴随着他们。不妨看看下面这些情况，它们或许能够与你的感觉产生共鸣：

- 你的某一身体特征时常让你感到尴尬，或经常让你成为他人嘲笑的对象。或者，你有一些自己十分在乎的秘密，所以特别害怕被他人发现。
- 因为他人对待你的方式有点儿奇怪或不那么友好，所以你觉得自己身上存在某些问题。
- 你可能曾经与自己的性别身份或性取向作过斗争。
- 你总觉得自己不如他人好，因为你来自收养家庭，而且这个家庭拥有自己的亲生孩子或者其他原因。
- 你的亲生母亲把你送到了收养机构，你总觉得是自己的问题，这种感觉在你的人生中挥之不去。
- 你的兴趣与大众主流的兴趣不一致，这让你觉得自己与众不同。

♥ 童年时期的你曾出现过某种疾病或身体障碍，这让你觉得自己有点儿问题。

以上类似经历会让我们相信自己拥有自我否定的核心信念。让我再强调一次，评估结果有时候会与我们的感觉相悖，这时，请务必相信自己的直觉！

艾米丽（Emily）说："我一直努力尝试提高自己的自尊心，正是因为这个原因，我在评估中的得分才会如此低。从理性上讲，我知道自己不是一个自我否定的人；但当情绪处于脆弱状态时，自我否定的魔爪便会随时出现。因此，我还是觉得自己应该把自我否定当作自己的核心信念之一。"

对失败信念的自我评估

失败这一核心信念有时候可能是抛弃信念的帮凶。如果我们总觉得自己注定失败，那么毫无疑问失败将会降临在我们身上。如果我们觉得自己不如同龄人，我们没有同龄人那么聪明有天赋、没有他们那么成功，那么我们很可能拥有失败这一核心信念。

请根据自己的实际情况，给下面这些语句评分。（1分 = 完全不符；2分 = 基本不符；3分 = 有点儿符合；4分 = 比较符合；5分 = 基本符合；6分 = 完全符合）

- 我觉得自己在成就方面不如其他人。
- 我觉得自己在成就方面是个失败者。
- 大部分同龄人在工作上的成就都比我出色。
- 我是个彻头彻尾的失败者。
- 大部分和我相处的人都比我聪明。
- 我在工作上的失败使我感到羞愧。
- 我的成就总是不如身边的人，这让我无比难堪。
- 我通常觉得他人对我的评价要比自己的真实情况好。
- 我觉得自己在生活中没有任何特别的天赋。
- 我不能好好发挥自己的潜力。

总分_______

10～19分：非常低。这一核心信念可能不适合你的情况。

20～29分：有点儿低。这一核心信念可能偶尔符合你的情况。

30～39分：中等。这一核心信念存在于你的生活中，对你的人生有一定的影响。

40～49分：高。这绝对是你的主要核心信念之一。

50～60分：非常高。这一核心信念强烈地影响着你的生活。

注意：即便你的总得分比较低，但如果你在某个或某几个语句上的得分达到5分或6分，那么这一核心信念就存在于你的生活中，对你的人生有一定的影响。

如果你的得分较低，但失败的感觉总是缠绕着你，那不妨考虑一下以下这些情况，它们说不定就是你失败感觉的罪魁祸首：

- 你的父母成功、富有、成就卓著、有才能、知名，与父母相比，你就是个失败者。
- 你的父母对你抱有不切实际的期待（例如，他们早在幼儿园时期就为你定下考上哈佛大学的目标）。
- 你的兄弟姐妹比你更有吸引力、更有天赋、更成功。

以上有符合你情况的描述吗？或你就是这样认为的吗？无论哪种情况，它们都是失败信念的始作俑者。

埃伦（Ellen）说："以其他人的标准看，我是一个典型的成功人士，我有光明的前途。但父母对我的期望相当高、相当严格。按照他们对成功的定义，我就是个彻头彻尾的失败者。但理性告诉我，我很成功，我理应对自己的事业抉择相当满意。"

分析评估结果

祝贺你！你已经完成了评估部分。如果你感到精神困倦，不妨休息一下。现在准备好仔细分析自己的答案了吗？让我们继续前进吧！

完成自我评估后，让我们花几分钟的时间分析一下自己的分数。首先，我们要准备一个记录本。

现在让我们看一看评估中得分为3分、4分、5分和6分的相关陈述项。我建议你把它们摘抄下来，记得每一句陈述项之间要留空白，这样方便我们写些笔记。然后，请考虑以下问题：

你的记忆中存在与这些陈述相关的经历或事件吗？

你还记得自己当时的感受吗？你现在的感受如何？

你是否能从相似的陈述中发现自己的某些生活模式、行为模式、关系模式？这个评估结果让你感到惊讶吗？

把以上问题的答案记录在本子中。

我相信大家现在已经知道哪些核心信念对自己的生活影响很大了。下一章我们将会探讨触发核心信念的因素及其触发的方式。此外，我们还会学习大脑和关系陷阱，了解信念与它们的共谋机制。在经历恐惧时，害怕孤独或被抛弃、担心被伤害或背叛、害怕得不到需要的爱、害怕失败、害怕暴露缺陷等，我们将如何武装自己、保护自己？这些恐惧会让你产生痛苦的情绪，而相应的行为反应会破坏你的人际关系。因此，只有明白自己的反应，只有知道为什么，我们才能改变自己的行为反应模式，改变百害而无一利的行为模式。

我们敢于挑战自己的核心信念，是因为本质使然；我们能够克服自己的核心信念，也是因为本质使然。**在我们的经历和观念中，核心信念似乎能够深刻地反映各种事实——关于我们的事实、他人的事实及环境的事实。因此，它们理所当然地存在于我们的生活之中。**

核心信念是从小就形成的，它们根深蒂固地扎根于我们的大脑中，所以它们能够横行霸道，拒绝任何变革。核心信念能够触发相应的行为，相应的行为反过来确定并强化这种核心信念。因此，核心信念拥有自我延续的能力，正因为如此，我们的故事才会变得越来越深刻。在外力打破这一魔咒前，这一循环将永无休止地进行着。幸运的是，我们有能力结束这一切，我们可以改变自己对触发情景的反应，我们可以构建更好的人际关系。“行为”是本书强调的一个重点，行为是改变的关键途径，通过改变行为，我们可以放下过去的故事，使悲剧不再发生。

核心信念可以充当预见的工具。我们的信念是基于过去的经历形成的，可以用来预知未来的关系。因此，核心信念也能够触发改变。一般情况下，当我们遭遇压力巨大的社交情境时，我们的核心信念便会一触即发。核心信念是高度情绪化的存在，当被触及时，会引起恐惧、羞愧、焦虑、绝望、抑郁、失落、悲伤等强烈情绪。这些痛苦的情绪是不可避免的，本书将为大家提供一些工具，帮助我们理解和管理这些情绪。

现在让我们来看看自己的大脑是如何设下关系陷阱的。

第三章

我们的大脑和关系陷阱

一个眼神、一个词语、一个动作都能激发你的抛弃恐惧，这些恐惧会让你产生痛苦的情绪，而情绪点燃的相应行为反应会破坏你的人际关系。

确定了自己的核心信念后，我们需要做的就是仔细观察这些核心信念与关系的互动。如前所述，虽然我们早已感觉到哪些核心信念会对自己的生活产生显著影响，但是评估的过程能够让我们的意识更加清晰。让我们一起来探索你的故事主题和核心信念是如何影响你与他人的交往的？是如何影响充满压力的人际关系的？此外，我们还将探讨性格对经历的影响。让我们先看一下雪球原理，这样能让我们更容易地看清自己的故事。

我喜欢雪球。雪球能为我们展示城市风光及美妙景色，能够提醒我们某一特定时刻的风景，能够让我们回顾过去的经验，能够勾起我们珍贵的回忆。我的女儿凯利（Kelly）就拥有精彩的雪球。在过去的生活中，她游览了一系列重要的地标，包括旧金山的泛美金字塔、金门大桥、科伊特塔，伦巴第街和电缆车。拾起雪球，过去的情景重现眼前，雪球勾起了女儿关于旧金山的记忆。现在，让我们想象一个拥有故事的雪球吧！**我们会发现，过去的一些特别事件、那些“有毒”的童年回忆、那些悲伤的童年经历都会历历在目**。

如果将过去的故事比作雪球，那么摇晃雪球就是触发核心信念。被触发的核心信念会迅速激活我们的故事，当时的情景会生动地浮现在我们的脑海中。那些痛苦的记忆、消极的情绪及难受的感觉也会瞬间涌向我们。童年的经历虽然已经过去，被触发的核心信念却可以令过去的故事复活，痛苦的感觉又将我们拖拽到过去。这时，我们的本能反应要求自我保护，这一生理反应的介入让我们能快速进入一种特定的行为反应。而更遗憾的是，我们并没有因此摆脱痛苦，相反，我们的感觉更糟糕了。

为了保障我们的安全，我们的大脑无时无刻不在扫描我们周围的潜在危险和威胁，而这也是经历漫漫历史长河的人类依然能够存活下来的主要原因。但它也有消极的一面，当我们感到威胁时，我们的大脑就会引起我们对情境不必要的过度反应。接下来，让我们仔细探讨大脑为我们设下的陷阱。

对大脑陷阱的三大反应：战斗、逃跑与原地不动

在我们的故事被激活后，我们的大脑就会处于高度警惕的状态，就好像我们的生命受到威胁一样。而我们感知到的生命威胁能够劫持我们大脑中的杏仁核，即大脑的内侧颞叶，其形状与杏仁相似。杏仁核对人体的情绪反应有着至关重要的影响。最新研究表明，杏仁核与我们的惊恐反应相关。它能够指导我们的情绪，并发挥着很大的作用——它能影响我们的社交生活，影响我们与其他人的互动。

杏仁核能够规范我们的三大反应，即战斗、逃跑与原地不动。感受到威胁时，我们的反应就会变得不理智。刺激源，即威胁会通过眼睛或耳朵进入我们的丘脑，然后直接前往杏仁核，

最后到达新皮层，这一过程被称为“生存机制”。在大脑处理威胁之前，这一“生存机制”便会对外界做出反应。“生存机制”能够保障安全底线，让我们远离疯狂的行为。我们对威胁的反应就是杏仁核发挥作用的结果。**大脑的感性功能，即杏仁核，劫持了大脑的理性功能**。丹尼尔·戈尔曼（Daniel Goleman）在其著作《情商》（*Emotional Intelligence*）中写道，所谓劫持，就是指强烈的情绪，例如恐慌。它会淹没我们的理性想法，最终使我们做出弊大于利的行为。

但这与核心信念有什么关系呢？有时候，**一个眼神、一个词语、一个动作都能激发我们的核心信念，当我们遇到这样的情景或者经历这样的互动时，我们的记忆就会复活**。于是，消极的情绪就会蜂拥而至。强烈的情绪能够点燃我们的反应机制，我们或战斗、或逃跑、或原地不动。这一反应机制根深蒂固，它会给我们制造很多人际关系问题。本能的反应机制能够夸大威胁，它可能会把情感创伤误认为生命威胁。但事实上情感伤害只会让我们感到难过，而不会像死亡威胁那样剥夺我们的生命。

行为反应

现在让我们来探讨一下大脑应对行为的三大反应，即战斗、逃跑与原地不动。以前，我们的原始反应能够适应环境，帮助我们处理人际问题；而现在我们的反应已经不能适应环境、不能帮助我们处理人际问题了。前两章我们提到了“适应不良模式”，这种模式很大程度上是有益的。童年早期经历的情感创伤能够造成不良模式；成年之后，消极的核心信念会扭曲我们的世界观，影响我们对现在和未来的期许，因为过去的故事总是挥之不去。最终，“适应不良模式”会带来消极的行为反应。这些行为反应只能够缓解人一时的情感痛楚，而从长远来看，它们从本质上破坏着我们的人际关系，最终只会给我们带来更多的情感痛苦。当我们陷入某种消极的循环或模式时，请不要乱了阵脚，重要的是我们要弄清楚整体情况，这样我们才能知道需要改正的地方。

根据反应的不同（战斗、逃跑与原地不动），应对方式也被划分为三种类型，我把它们称为行为反应：

“战斗”行为反应包括：

- 攻击或表达敌意：包括谴责、批评、挑战或抵抗。
- 支配或控制：试图控制他人以实现自己的目标。
- 寻求认可或确认地位：故意给他人制造印象或通过高调的行为引起他人的注意。
- 操纵和剥削：隐藏自己的行为以获取所需，这一反应可能涉及诱惑手段或欺瞒真相。
- 隐性攻击或反叛：表面上抱怨，实质上通过拖延、抱怨、迟到、噘嘴或故意表现不佳做出反叛回应。

“逃跑”行为反应包括：

- 逃避社交或过度独立：避免与他人进行社会交往、切断与他人的联系、逃避与他人的接触等行为。这种反应通常表现为过度独立或过度自我依赖，这一人群更倾向于参与独立的活动，如阅读、看电视、玩电脑及独自工作。
- 强迫性寻求刺激：通过强迫性购物、性行为、赌博、冒险等来达到寻求刺激或分心的目的。
- 成瘾性自我安慰：通过酗酒、暴饮暴食或过度自我刺激来达到寻求兴奋的目的。

♥ 心理退缩行为：通过摆脱、否认、幻想或其他内在退缩行为达到逃避的目的。

“原地不动”行为反应包括：

♥ 顺从或依赖：屈服、被动接受、被动回应和取悦他人。

识别自己的行为反应

上面已经阐述了常见的对大脑陷阱的三种应对方式（或称行为反应），现在让我们来识别对自己具有明显影响力的行为反应。先在笔记本上写下以下问题的答案：

当某些事情触发了你的核心信念时，你会采取哪些行为应对？

艾玛（Emma）拥有抛弃和情感剥夺的核心信念。她的应对行为表现为逃离、过度独立及成瘾性自我安慰。让我们来听听她的故事。

艾玛害怕被抛弃的核心信念根源于父母的离婚。父母离婚后，她、她的母亲及她的两个弟弟只能挤在只有两个房间的房子里，居住面积只有原来的1/4。艾玛的父亲曾经是世界500强公司的首席财务官，某天他发现自己一直生活在谎言之中。19年的婚姻生活、3个孩子就像谎言一般存在着。因为，他是一个同性恋者，他把这个秘密压在心底整整大半辈子。艾玛虽然能接受自己父亲的性取向问题，但这一秘密却完全打乱了她的生活，她不知道该如何处理这个秘密带来的后果。

父亲戏剧性的生活转变是那么的不合时宜。那时候，艾玛刚升高三。本来艾玛已经计划好大学申请的所有事宜，准备好一切，甚至连极细微的细节都已经安排好了。但现在一切都被打乱了。她被迫搬进狭窄的新屋，她不得不申请助学金和奖学金，这是她始料未及的事，也是极耗时间的事。父亲的失业迫使父母分割了财产，他们不得不依靠积蓄生活。父亲和母亲都没能及时给她提供情感支持，因为他们一直在为自己的新生活犯愁、焦头烂额。艾玛的母亲沉浸在怨恨中不能自拔，她每晚都要喝上一瓶酒解愁。与此同时，艾玛的父亲也正在探索自己的新生活。

艾玛真希望自己已经进入了大学。在过去的一年里，她不得不挤在狭小的公寓里，更糟糕的是，父母都没能给她提供合理的支持和指引。她甚至没有时间哭泣，整天忙于申请大学的事情。她认为只要进入大学，就可以远离这个可怕的梦魇，开始新的生活。

最终，艾玛成功进入一所四年制大学，学校与家整整相差两个时区。她终于可以离开自私的父母了，避开所有的问题了。很快，她就发展出了一种关系模式：她有趣可爱，喜欢参加派对，从不提问，也不向他人倾诉。因为她不想触及自己的家庭生活细节，所以她从来不过问他人的家庭情况。因此，她与他人的关系总是停留在表层。艾玛总是尝试逃避被父母抛弃的痛楚感觉。她的酒量超过了派对上的所有女孩，但酗酒让她与许多男士发展出了不正常的关系，她甚至不知道他们的名字。

艾玛认为自己的行为是为了保护自己、远离父母离婚带给她的情感痛苦。她对自己说："我不想与他人过于亲近，这样我就不用担心他们的离去会给我造成伤害了。"然而这种做法对她根本无济于事，反而制造了更多痛苦。因为她的行为是反自我的，与真实的自我完全不一致。

这些行为反应纵然可以被理解，但它们并不能帮助我们远离强烈而消极的情感。相反，它们不仅会残害自己，还会伤害他人。千万不要尝试利用这些行为逃避被激活的情感痛苦，因为我们会掉进其设下的陷阱。现在让我们来看一看认知是如何影响我们对当前经历的看法的。

认知扭曲

用核心信念来解释认知扭曲既简单又有道理。认知扭曲能不断加强和延续核心信念。此外，它们还能触发防御性反应，引起消极行为模式。当某些评论、某种类型的人、某些情境让我们回想起过去的某些经历时，核心信念就会一触即发。于是，我们的大脑“过滤器”会自动筛选出符合的要素而忽略不符合的成分，以进一步迎合我们的故事。这一扭曲能够让我们以过去的方式经历当前遇到的评论、人物和情境，它能够证实当前的经历与过去的痛苦遭遇如出一辙，它能够最小化甚至否定任何与核心信念矛盾的信息。当我们不能及时识别这一扭曲时，我们就会形成自我挫败的消极行为模式。一方面，我们觉得这种模式毫无用处；另一方面，我们认为，为了保护自己，我们必须维持这种模式。

"证实性偏见"是指我们倾向于寻找与核心信念一致的信息。当核心信念被触发时，我们的大脑就会选择捷径，它会直接得出结论，那就是事情会以同样的方式发展。这个时候我们的大脑充满了痛苦的记忆，它腾不出任何空间接收积极的信息。因此，大脑不能重新确认核心信念是否合理。**我们的大脑总是倾向于记住和寻找消极的经历，它们为我们的故事做证，也为我们的信念做证**。

另一种能够刺激互动的反应被称为"旧磁带"（old tapes）。"旧磁带"是指个体将他人当作父母时所做出的回应。哈里·斯塔克·沙利文（Harry Stack Sullivan）称这一反应为情感与欲望失调（parataxic distortion）。特定情境所引起的情绪越强烈，回应父母（或过去的冒犯者）的可能性就越大。实际上，你的反应并非是针对当前与你互动的人。

回应记忆的迹象

痛苦的经历造就了我们的核心信念和故事。因此，回应记忆并不是天方夜谭。现在，让我们来看一下代表回应记忆的五个标志：

一、与他人交流时，我们明显感到强烈的消极情绪，这些消极情绪突然而至、猛烈地攻击我们，让我们觉得需要保护自己。

二、这种情境让我们感到很熟悉。

三、这是一种熟悉的感觉（羞愧、愤怒、伤心、失望等）。

四、感觉自己在玩读心术，即我们在猜测对方的想法，或在预测该情境可能发生的结果。

五、明明没有必要害怕，我们却担心被虐待或被拒绝。

过去的故事和相应的核心信念一旦被激活，它们就会摧毁我们的努力，阻止我们建立健康的关系。伴随消极的想法而来的消极情感及行为固然会阻碍我们建立健康、持久而有爱的关系，但本书将会帮助读者处理这些消极因素，教给大家学会建立新型关系的技巧和手段。现在让我们更加仔细地探讨核心信念是如何创造和延续关系的陷阱。

关系陷阱

核心信念给人际关系带来了额外的挑战，这一挑战通常表现为人际关系的复杂化。**事实上，从童年时期开始，我们就不再拥有健康的人际关系模式，这是我们故事的一部分**。为什么我们会形成不健康的关系模式呢？可能是因为我们自小接触的关系都是反面教材，没有人为我们呈现健康的、成功的关系；也可能是因为亲近的人对我们的关系模式听之任之，没有人为我们提供正确的关系模式。我们知道的、我们认为正常的事情实质上是我们发展合理关系的绊脚石。我们的故事主题可能在摧毁我们的人际关系，或者至少在恶化我们与他人的关系。如前所述，我们的过去永远不会消失，痛苦的记忆及它们所引起的情感、想法和感觉长久存在于我们的记忆里，一旦被激活，恐惧反应就会自然而然地出现。

你是否总被相似类型的人所吸引？你是否因此而感到懊恼？因为童年经历，成年后的我们总是陷入相似的人际关系，这是再正常不过的事实。尽管从理性的角度考虑，我们知道这些关系并不健康而且还具有破坏性，但童年的经历总是在拖拽着我们，这种力量是意识之外的、强大的、情绪化的。尽管我们有能力避开这些关系、能够坚决拒绝与此类型的人群交往，但我们总是与他们不期而遇，必须与他们打交道，因为他们无处不在。现在就让我们来探讨一下这些类型的人——他们不仅能触发我们的核心信念，还能带来相应的消极情绪。

哪些人能触发我们的核心信念？

核心信念被触发是再正常不过的事情，因为生活中总是存在各种各样的刺激因子，无处不在的情境、对话及人都可能成为始作俑者。你是否发现某些特定的人总能触发你的核心信念？我们将其区分为两种类型，即“有毒”人群（总是触发我们核心信念的人）和“有益”人群（只是偶尔触发我们核心信念的人）。我们必须分清他们的不同点，这是至关重要的。

你已经对这些“有毒”人群了然于心了吗？他们总在挖掘我们的消极信念，总是让我们错误地认识自己、他人及世界，我们必须把他们揪出来，对吧？我在这里罗列了一些他们常见的特征。请务必注意，这些特征并没有涵盖所有，仅供大家参考，大家也可以根据自己的经历来补充他们额外的特征。

抛弃类型人群

这一类型的人能够刺激我们的抛弃信念，他们通常具有以下特征：

♥ **来去无踪：**他们不能一直陪伴在我们的身边，有时候，他们与我们的距离十分亲近；有时候，他们与我们的距离十分遥远。

♥ **不稳定：**他们总是处在一种不断变化的生活方式中，我们难以从中感受到安全感。他们经常更换居所，或者经常换工作，似乎总不能在一个地方扎根，就像随时准备好要离开一样，不需要收拾，不需要告别。

♥ **难以触及：**我们需要他们，而他们总是不在。我们也曾有过快乐的时光，但他们总是消失，或总是太忙，见面遥遥无期。

虐待类型人群

这一类型的人能够刺激我们的多疑和虐待信念。他们通常具有以下特征：

- **不可信**：为了达到自己的目的，他们不惜撒谎、欺骗和操纵我们。
- **不安全**：他们会利用我们的情感弱点，会伤害我们的身体，会对我们实施虐待行为。

剥夺类型人群

与这一类型的人打交道可能会触发我们的情感剥夺信念。他们通常具有以下特征：

- **拒绝联系**：他们不会与我们联系，这让我们感觉不到爱、觉得自己不值得被爱、感到孤独。
- **拒绝接触**：他们会拒绝与我们在情感方面、身体方面及性方面进行接触，而这却是我们十分渴望从他们身上得到的。

毁灭类型人群

这一类型的人会触发我们的自我否定信念。他们通常具有以下特征：

- **喜爱挑剔**：他们会寻找我们的缺点并毫不留情地揭发它们。
- **喜欢拒绝**：他们对待我们的方式就像是因为我们对他们不够好一样。
- **喜欢批判**：他们会批评我们，不尊重我们。

批评类型人群

这一类型的人能够触发我们的失败信念，他们通常具有以下特征：

- **喜欢批评**：他们经常表现出不正常的惊讶，会尽一切办法让我们感到难堪。
- **自吹自擂和自满**：他们总是用自己或他人的优点与你的缺点比较。

虽然我们偶尔也会出现这些行为，但都是在某些特定情况下，我们才做出类似回应。本书所指的“有毒”人群是把这些行为当作一种标准操作程序的人。虽然爱我们的朋友（甚至我们自己）也会在挣扎的时候表现出此类特征，但我们与“有毒”人群还是有着天壤之别的。差别表现在哪些方面呢？在健康的人际关系中，虽然有些人也会出现消极行为，但这种消极行为的频率极低而且持续的时间较短；而在不健康的人际关系中，消极行为是“有毒”人群的常态。因此，与他们交往时，我们必须要承受他们带来的刺激行为。

触发核心信念的行为

相信大家已经熟悉了与不同核心信念对应的“有毒”人群的类型和特征了，现在就让我们学习如何识别这些“有毒”人群或者“有毒”行为及它们能够触发我们哪些核心信念。请回答以下问题，并将答案写在笔记本中：

你的生活中存在哪些类型的“有毒”人群？

你生活中的“有毒”人群和刺激你核心信念的人群最常见的特征有哪些？

他们拥有哪些行为和特征？

现在让我们来看一看常见的、能够触发我们核心信念的行为。这一部分讲述的行为属于大部分人偶尔会出现的行为。而上一部分讲述的是“有毒”人群可能经常表现出的一些特征。让我再强调一次，这一部分将会分析正常人群的消极行为。在处理过去的故事时，在面对相关的挑战时，在建立人际关系时，“有益”人群可能会挣扎，而这种挣扎可能会带来偶然性的“有毒”行为。

抛弃信念轻易就能被触发，因为它深深植根于我们的生存本能中。能够触发**抛弃信念**的行为包括：

♥ 对方行为的改变（例如，每天给你发短信或打电话的人今天却没有这样做）。

♥ 你很需要对方的安慰，而他不能满足你。

♥ 对方与他人发展出了新的关系，这可能会威胁你们之间的关系。

♥ 表达拒绝的所有行为（例如，与对方的通话时间变短；对方的声音变得平淡、无聊、有点儿像在挖苦或表达愤怒；对方在交谈时分心；对方取消或者更改约定、计划）。

♥ 无论对方能否给出合理的解释，分离期是抛弃信念的高发期。

- 对方的情绪产生了变化。
- 彼此争论不休。
- 任何可以被视为失联的行为。

能够触发**多疑和虐待信念**的行为包括：

- 对方释放消极情绪，特别是愤怒。
- 对方的批评行为，即使批评富有建设性。
- 无论对方能否给出合理的解释，分离期都是多疑和虐待信念的高发期。

能够触发**情感剥夺信念**的行为包括：

- 对方不理解我们的行为和想法或不愿理解我们的行为和想法。
- 对方总是将自己的情绪藏起来，总是不能理解、不能接受我们的情绪表达。
- 对方不过问、不在乎我们的需要。
- 对方不想深入地了解我们或不愿意和我们深交。

能够触发**自我否定信念**的行为包括：

- 对方明确表达对我们感到失望或我们觉得对方对我们感到失望。
- 对方有建设性或无建设性的批评。
- 对方否定我们的行为。
- 认为对方发现了我们的真实面目和缺陷。
- 对方缺乏承诺或者承诺不一致。

能够触发**失败信念**的行为包括：

- 被迫与他人比较。
- 与自我感觉比自己更优秀的人在一起（他或者更成功，或者更有魅力，或者……）。
- 遭遇让自己感到挫败的情况。
- 对方有建设性或无建设性的批评。

如何识别触发行为？

下面将为大家提供更多能够触发核心信念的行为和举动。请回答下面的问题，并把答案写在笔记本上。你身边的好朋友（不是“有毒”群体）是否曾经触发过你的核心信念？请把触发事件写下来。

- 他们触发了你的哪些核心信念？
- 对你来说，哪些是你最常见的触发行为？
- 哪些触发行为是在我提供的例子之外的？
- 你发现触发行为与核心信念之间的关系了吗？

请务必认清这些经历，因为这样才能从根本上优化我们的反应，给我们带来积极的改变。

我们是如何处理这些触发行为的？

到现在为止，我们已经了解了经常触发我们核心信念的五类“有毒”人群，也了解了每一种核心信念所对应的触发行为了。现在，让我们来看一看我们对待触发事件的行为反应吧！请注意，下面罗列的行为反应不是全面的，只是一些很常见的反应。这些反应是一些自然的、保护性的行为。它们与我们自己、与他人、与环境息息相关，与形成核心信念的婴幼儿经历和青少年经历也密不可分。这一过程可以帮助我们理解并接受人际关系路上的绊脚石。

请记住，行为反应没有好坏之分，不要责怪自己，也不必感到自卑。

抛弃信念触发的行为：

♥ 你可能变得过度黏人。

♥ 为了测试你们的关系，你可能有意识地或无意识地与他人争论（就像预言一样，你会推开他们，最后他们终于离你而去）。

♥ 你开始与不能经常联系的人正常联系（他们或是住在其他地方，或是拥有其他关系，或是总与你的时间冲突）。

♥ 你开始逃避与他人的关系，这样你就不会被人抛弃了。

多疑和虐待信念触发的行为：

♥ 你总是很警惕，害怕被背叛或被虐待。

♥ 当事情进展顺利时，当你接受别人的好意时，你总是怀疑他人别有用心。

♥ 你总是假装坚强，却很容易变得脆弱。

♥ 你总是充满戒备心。

♥ 为了不让他人生气，你总是小心翼翼。

♥ 你会幻想自己被虐待，为了保护自己，你开始抨击他人。

♥ 你害怕受伤害，因此你不愿意亲近他人。

♥ 你的脆弱只有自己知道，你害怕与他人分享会遭到他人的利用。

♥ 你允许他人虐待自己，因为你觉得这是自己应该承受的。

♥ 你不相信任何人，于是你逃避一切关系。

情感剥夺信念触发的行为：

- 当你的需要得不到满足时，你会变得愤怒和苛刻。
- 你感觉自己不能从与他人的关系中获取所需要的东西，于是你避免了所有的关系。
- 你喜欢那些不善于表达情绪的人，你总是被他们吸引。
- 为了避免失落感，你不会与他人分享自己的弱点，因为对方根本不相信或根本不感兴趣。
- 你不能获得自己所需要的东西，因此你开始退缩。
- 你怨恨他人，因为他人不能给你所需要的爱和理解。

自我否定信念触发的行为：

- 他人对你十分苛刻，可你偏偏喜欢他们并被他们吸引。
- 你喜欢批评他人。
- 你喜欢隐藏真实的自己。
- 你总是强求安心的感觉。
- 对他人的批评，你总觉得难受，听不进去。
- 你会在他人面前批评自己。
- 你总是拿自己的缺点与他人的优点比较。

失败信念触发的行为：

- 你避免一切可能引起比较的讨论和情形。
- 你允许他人批评自己、贬低自己的成就。
- 你贬损自己的天赋或潜能。
- 你隐藏真实的自我，害怕他人发现自己的缺点。
- 你避免一切关系。
- 你评论甚至批评他人。
- 为了避免他人对你的批评，你会采取一些过激的行为反应。

如何识别自己的行为反应？

现在让我们来了解一下自己的行为反应。请记住，行为反应没有好坏之分，不要责怪自己，也不必感到自卑。

请回答以下问题，并将答案写在笔记本中：

对每一种核心信念，你会出现哪些行为反应呢？

当核心信念被触发时，你会出现其他行为反应吗？

认识行为反应可能会给我们带来不安的情绪。我们可能会感到羞愧、悔恨或者悲伤。这些情绪都是正常的、可以理解的。认识过程需要我们辨识和检视自己过去的经历，以及那些带给我们情感创伤的经历。因此，这一过程极具挑战性。但请记住，我不是想揭开大家的伤疤，我的目的是让大家透彻地理解自己的故事，然后放下它们，让它们成为过去。我不想让你纠结于那些没用的东西，我只需要大家认识自己的行为反应。当以后遇到类似的情境时，才能做出对自己大有裨益的选择。

为了看清自己的过去，为了明确自己的目的，我们需要用全局的眼光看待问题。因此，我们必须利用并整合好本章的信息和内容。

人际关系触发练习

这一练习的目的是帮助你观察触发人/类型、触发情境/行为、核心信念、情绪、行为反应这五者之间的关系。

请在笔记本上写下答案。在“触发人/类型”一栏中填写触发者及其所属的“有毒”人群类型（如果其属于“有毒”人群）。请记住，并非所有触发情况都因“有毒”人群而起，正常人群也可能出现触发行为，也可能触发我们的核心信念。

触发人/类型：________________
触发行为/情境：________________
核心信念：________________
情绪：________________
行为反应：________________

让我们来看一看艾德里娜（Adriana）是如何填写这一表格的。首先，让我们来了解一下艾德里娜的背景资料。

艾德里娜认为自己的原生家庭温暖有爱，但她时常拥有自我否定的感觉。她的父母经常否定她，因为她的行为不太符合他们的期望。但是，父母并没有和她进行直接沟通，没有明确表达自己的失望，也没有向她清晰地传达他们的期望。相反，他们在情感上忽略艾德里娜（例如，他们从不表达对她的爱，他们尽量避免与她交谈，他们喜欢她的妹妹多一点儿）。结果显而易见，当与对方缺乏沟通时，当对方做出“撤退”行为时，艾德里娜的抛弃信念和自我否定信念就会被触发。

现在，让我们来看一下艾德里娜填写的其中一个表格。根据每一段与自己相关的经历，艾德里娜罗列了许多表格，我猜你的做法也是这样的。

艾德里娜的人际关系触发练习

触发人/类型：我男朋友（非“有毒”人群）。

触发行为/情境：当我表现真实自我的时候，他的反应冷漠，这让我感觉他在“撤退”。

核心信念：抛弃和自我否定。

情绪：悲伤、羞愧和恐惧。

行为反应：在他拒绝我之前，我要先离开。

当你的核心信念被某个人、某种情境或某一事件触发时，我们过去的故事就会活灵活现地出现在我们脑海中，就好像我们在摇晃雪球时，过去的情景就会浮现在眼前一样。这时，我们会经历非常强烈、难以忍受的消极情绪。这些情绪反应能够快速激发我们的核心信念，于是我们便会实施保护性的行为反应。

下一章，我们将会从另一个角度思考这些问题：

关注现在，活在当下，将会如何帮助我们处理这些消极的想法、痛苦的情绪及冲动的行为呢？请大家继续往下看。

第四章

活在当下，摆脱核心信念的掌控

童年经历存储在我们的记忆中，当遇到能够与这些信息匹配的情境时，我们的大脑根本不用实施任何加工，就可以自动回顾过去的情景。但问题是，大脑所采取的捷径只能评价过去的情境，并不能直接对当前遭遇的情况得出判断。因此，我们需要做的就是越过这一现成的反应，关注当下，做出深思熟虑的行为。

在这一章中，我将竭尽全力指导大家以另外一种方式摆脱过去，活在当下。我们总被过去的经历苦苦纠缠，它们无时无刻不在折磨着我们，我们已经受够了！每当遇到压力情境时，每当想起不愉快的记忆时，每当经历难受的情绪和消极的想法时，过去的经历就会被激活，且似乎总是挥之不去。但不要气馁，现在我就告诉你，我们完全能够远离过去的故事。

前面的章节告诉我们：核心信念能够限制我们对情境的看法。此外，我们感知到的威胁会引起一系列的自然反应。而这些反应都是大脑的自动机制，此时的大脑正尝试帮助我们。大脑的反应基于过去的经历。**童年经历存储在我们的记忆中，当遇到能够与这些信息匹配的情境时，我们的大脑根本不用实施任何加工，就可以自动回顾过去的情景**。但问题是，大脑所采取的捷径只能评价过去的情境，并不能直接对当前遭遇的情况得出判断。因此，我们需要做的就是越过这一现成的反应，关注当下，做出深思熟虑的行为。

当故事被触发时，我们就好像回到了当时的情境中，我们沉浸其中，看不到当前的环境。就像记忆的雪球被摇晃，过去的事情历历在目。我们的眼界、我们的其他感官都被故事中的经历所限制。于是，惊恐反应一触即发。

但是，我们可以避免这一切的发生：我们可以基于当前的信息做出回应而非受限于大脑的自动反应；我们可以冷静观察、理智接受而非惊恐万分；我们可以细心分析而非草率行事。为什么我们不尝试放下戒备、信任他人呢？

当过去的故事妨碍我们的时候

以下情景能够帮助我们思考如何跳出过去故事的框架，直面当前的现实。让我们来看一看，柏拉图关于“洞穴”的寓言。

从前，有一群囚徒住在地下的洞穴里，洞穴有一个开口，从洞穴底部一直通往地面，这个洞口能够给他们带来光线。这群人从小生活在洞穴里。他们的双脚和脖子都被锁住，所以他们根本不能移动，只能看到正前方的东西。由于头部也被锁链锁住，他们也无法转动头部。因此，他们不能看见左边的东西、右边的东西和后面的东西。在他们上面和后面的远处，有一团火正在猛烈地燃烧着。在火苗和这些囚徒之间有一个上升的通道和一面低矮的墙壁，墙壁就好像幕后操纵者给他们设置的屏幕一样。其他人沿着墙壁走过，他们手里拿着木制的、石制的和其他材料的器皿、雕像和动物形象，他们的影子都出现在墙上。可是，因为他们不能转动头部，被锁链锁住的囚徒只能看到自己及其他人的影子。此外，他们还能看到其他人携带的物品的影子，而影子就是他们世界的真相。

让大脑保留刚才的画面，然后想象囚徒突然被释放的情景，并请记住囚徒将影子当作真相的事实。

锁链被解开，他们站了起来，转动身子，然后走动，向着有光源的方向望去。现在，他们能够看见现实中的一切，光源刺伤了他们的眼睛。因为长时间处于同一个位置，长时间保持着同样的姿势，因此对他们来说，随意走动、步行、转动头部都让他们感到痛苦，亮光让他们感到难受；他们也难以接受物品的真实形态，因为他们一直把影子当作真相。他们只能继续认为影子是世界的真相，因为这是他们大脑中的意识。他们需要时间调整和认识周围的环境，毕竟影子和真实有天壤之别。

现在让我们想象一下这样的一个情景：

囚徒跳出洞穴，他们暴露于阳光之下。刚开始的时候，阳光刺痛了他们的双眼，他们看不见周围的环境。适应总是需要经历一个过程，这个过程是痛苦的。但这种暂时性的痛苦是可以承受的，因为这比长时间的折磨要轻松得多。

故事练习

请回答下面的问题，并用笔记本将答案写下来：

想象自己被锁在洞穴里，我们的前面是一面墙壁，但我们只能看到物品的影子。在这种环境下，我们会经历什么样的想法、感觉和感受呢？

想象自己突然被释放的情景，我们身上的锁链被打开了，我们可以转动身子，我们能够看到物品的真实形态。在这种情境下，我们又会经历什么样的想法、感觉和感受呢？

现在再想象一下，你走出洞穴，暴露于阳光之下的情景。在这种情况下，我们的想法、感觉和感受会发生变化吗？请描述。

通过以上练习，你是否发现过去的故事离我们越来越远？

虽然这个练习的过程痛苦且可怕，但我们必须从过去的故事中（墙上的影子）回到现实，回到此时此刻。毋庸置疑，我们的故事充满了痛苦，它是那么熟悉，我们并不能轻易摆脱；毫无疑问，我们难以放下深深扎根于我们大脑的意识，我们难以采取全新的认知角度，因为它很陌生。当我们与过去的故事苦苦纠缠时，根深蒂固的恐惧反应就会占据重要位置，于是我们就会自动脱离现在的状况，我们的行为完全由过去的经历决定。当我们的生活笼罩在恐惧之下时，恐惧就会打败我们，它会强迫我们使用生存模式做出反应，而我们也只能实施自动反应，那就是战斗、逃跑或原地不动。

正念：关注现在，摆脱过去

如何才能摆脱自动反应呢？如何才能专注于当前呢？如何才能利用当前的信息做出深思熟虑的选择呢？很简单，那就是正念！正念这一技能十分重要，我们必须掌握它。它能够帮助我们与过去的故事断绝关系；它能够让我们撇下过去的包袱，包括摆脱消极的核心信念、自我认知、他人评价及未来预测；它能让我们关注现在，活在当下。也就是说，三思而后行能够帮助我们以开放的眼光面对新的信息，相信新的可能。

所谓关注现在，是指我们能够仔细观察和考虑当前的遭遇并据此做出合理的反应。当我们逐渐远离过去的故事时，当我们挣脱自动行为反应时，我们就有机会看见其他选项，我们就能选择深思熟虑的反应。换句话说，沉溺于过去让我们不能释然，我们总是凝视着墙上的画面，我们总是期待相同的结果，我们的反应总是一成不变。于是，结果一模一样，我们一如既往地经历着痛苦、悲伤、愤怒、孤独、挫败及羞愧。让我们站起来反抗吧！只要我们推开过去的经历，只要我们能把心思放在当前的境遇上，我们就能创造出全新的故事。

再回到洞穴的故事。我们回应核心信念的行为相当于囚徒被锁在洞穴的遭遇。他们靠近墙壁，那里正投射着影子。这些影子实质上是我们过去的经历——也就是形成我们核心信念的经历。当我们太靠近墙壁时，过去的故事总是缠绕着我们，以致我们没有适当的距离看清楚当前的经历，没法辨别过去的遭遇与此时此刻的区别。因此，我们必须后退几步，与过去的故事保持一定的距离，而对囚徒来说，他们必须离墙壁的影子远一点儿。

现在看到它们的差异了吗？与过去的经历拉开距离之后，我们是否能够发现更加有益的行为反应呢？是的，让我们锲而不舍地远离过去的故事吧！让我们摆脱过去的魔爪吧！让我再强调一次，关注现在！

如何才能与核心信念拉开距离呢？还是那句话，活在当下，摆脱固执的思维模式，以平和的心态看待眼前的一切。**没错，核心信念永远不会消失，但我们可以摆脱它们的掌控，挣脱它们的消极影响，以全新的行为处理当前的境遇**。

下面的练习可以帮助我们与过去的故事拉开距离，辨别过去和现在的区别。

正念专注练习

正念专注练习能够引导我们思考某些想法及感觉的归属时刻：它们只不过是短暂的经历而已，我们不必在它们身上耗费精力，不必做出行为反应。

在开始练习之前，让我们先阅读一遍，这样我们就能更加熟悉练习的内容了。

闭上眼睛，深深地吸一口气。请留意呼吸的体验。你是否留意到呼吸穿过鼻子和喉咙后面时的凉爽感觉？你是否留意到肋骨扩张及空气进入肺部的感觉？你是否留意到横膈膜随着呼吸而伸展？你是否享受呼气时的放松感？把所有注意力都放在呼吸上，让注意力随着流动的空气移动。吸气、呼气，吸气、呼气……

呼吸的时候，其他经历会同时进行。如果我们留意到一个想法出现时，我们只需要告诉自己——这是一个想法，我们只需要根据它的实质进行命名；如果我们留意到一种感觉，不管是什么感觉，我们只需要对自己说——这是一种感觉；如果我们留意到一种情绪，我们只需要告诉自己——这是一种情绪。切勿把它们经验化。

我们只需要留意自己的大脑和身体，我们只需要将自己意识到的想法、感觉和情绪命名。如果我们遭遇到痛苦的感觉，我们只需要知道这是痛苦，我们必须敞开心胸继续迎接下一个将要到来的体验。**让我们不断感受每一次经历，不管遇到什么，只需要将其命名，然后让它成为过去**。我们无须驻足任何经历，只需要敞开心扉不断接纳新的经验。

让它们以本来的方式发生，无论是想法、感觉还是身体感受。一切的一切都只是天气，而我们是天空。作为天空，我们应该让天气自然消逝。我们需要做的只是观察、命名，然后放下。让我们静静地冥想大约两分钟，然后睁开眼睛，重新把注意力放在周遭的环境吧。

我建议大家每天做一次集中注意力的练习，这样当我们观察自己的内心经历时，我们就不会感到难受，我们就不会实施行为反应。**专注于当下、把注意力放在当前的经历，能让我们远离过去的故事，能让我们以另一种方式看待触发事件，能让我们摆脱无效的沟通和行为反应，也能让我们灵活地应对每一种情境。**

让我们尝试观察当前的经历，让我们以平和的心态理解当前的情感痛苦，千万不能带着偏见和情绪，千万不能阻止或避免当前所发生的一切。当我们太靠近墙壁时，我们便忍不住做出消极的回应，因为我们想逃离影子所引发的痛苦。但如果我们能后退几步，我们就能发现画面投影至墙壁的方式，我们就能发现事情的真相，甚至我们的核心信念就能与过去的故事拉开距离。距离让我们产生好奇心。因此，我们能够以开放的眼界探索当前的经历，我们能够寻找到更多行为选择。虽然我们的想法、我们的情绪或我们的感受会保持一致，但我们会以不同的方式做出回应。

一旦核心信念被触发，我们便会处于情绪迷雾之中——突然间，一切有益的选择都被隐藏起来，于是恐惧行为反应应运而生，而我们无形中便默许了这一切。我们可能会变得浮躁、退缩、黏人、苛刻，我们可能会沉溺于毒品、食物或者酒精。我们不能摆脱这种触发所带来的想法（例如，“他将会离开我”“我不够好”“我不会得到自己渴望的爱情”），但我们可以控制自己的行为反应。当我们的核心信念被激发时，当我们被消极情绪的迷雾蒙蔽时，我们不妨承认它们的存在，等待迷雾消散之后再选择积极的应对行为。

现在是时候看一看核心信念及其伴随的想法、情绪和身体感受这些触发因素了。在下面的章节中我将会提供一些技能和工具，以协助大家实施有效的沟通和行为选择。现在，让我们先把注意力放在处理身体感受上，先厘清触发反应与想法和情绪的关系。当核心信念被触发时，我们会经历诸多身体反应，例如，呼吸急促、不能深呼吸、心跳加快、胃部不适、体温上升或下降、冒汗等。

培养日常意识

我们很容易忽略自己的行为。因为我们对自己的习惯和日常过于熟悉，已经感觉不到它们带给我们的感受，一开始的感觉已经烟消云散，这是它们的第二性质。为了给大家进一步阐明这一模式，我给大家举两个有关我自己的例子。

我几乎每天都跑步，从我家出发有四条可供跑步的线路。根据不同的心情、不同的身体状况、不同的健身目标，我会选择不同的路线。选择路线之后，我的“自动驾驶模式”便会开启。

我从来不会下意识地去记经过的沿途标志，很多时候我甚至不知道自己听的是哪首歌，在漫长忙碌的工作结束之后，我几乎忘记了自己晨跑的经历，我需要花费几秒钟回想确认。这就是“不在状态”。“不在状态”的跑步能够起到相同的健身效果吗？我燃烧的卡路里与他人的一致吗？答案是肯定的。我能够到达目的地吗？答案是肯定的。我非常喜欢的内啡肽会迅猛增长吗？答案也是肯定的。

但是，因为我的“不在状态”，我错过了跑步的许多好处。我没有留意周围的环境，没有欣赏它们的存在；我没有聆听大自然的声音；我没有注意双脚与地面的接触。不在状态时，我错过了很多愉快的信息，这些信息可以彻底地改变我的跑步经历。正念，就是敞开胸怀接纳新鲜经验。正念能够打破我们局限的大脑状态，帮助我们跳出常规的观念，使我们重新认识不断重复的经历。正念能够帮助我们做出合理的行为选择而不是重复陷入预设的习惯性行为之中。

最近，我游览了得克萨斯的奥斯汀。在游览期间，我尝试了一次正念跑步。因为不熟悉周遭的环境，我暗暗高兴。这样我就可以专注跑步带给我的愉快体验了，我可以边跑步边享受附近的景色。在跑步之前，我把所有电子设备留在了房间。当脚步碰到泥泞的小径时，我能听到地面发出的嘎吱声。我努力地适应着当地的温度和湿度，在这个过程中，我细细地感受着自己的呼吸。我感受到了肺部扩张和收缩的感觉。我听见远处传来的交通噪音，我聆听人们坐在皮筏艇上划动河水发出的声音。泥泞小径上的人来来往往，我捕捉到断断续续的谈话内容。跑得越久，我越专注于自己的经历，我的感觉就越发清晰。我听到狗吠的声音，听到有人骑着自行车突然停下来，听到轮胎抓地的声音，我与迎面走来的跑步者打招呼。我还意识到自己的汗液比平时要多，在大太阳下跑步时，我感到十分炎热，但当我跑过阴凉的地方，微风都让我起鸡皮疙瘩。我能留意到身边的一切，就在它们发生的那一刻。我时不时会分神，其他的想法会进入我的大脑，扰乱我的思路，但对于那时的我，它们就像电视屏幕底部滚动的新闻一样，使我不屑一顾。这次跑步经历与我之前的晨跑有着天壤之别。因为我专注，活在当下！

非正式正念练习

如果你感到害怕，不愿意尝试正念，我建议你从更积极的正念练习或非正式的正念练习开始。以下是我给大家列举的两个例子，一旦你适应了这一技巧，你就可以尝试更加正式的正念练习了。

散步

如果你没有跑步的习惯，那就尝试在散步的时候练习正念。我建议大家选择一个不熟悉但安全的散步区域，这样实施正念练习就简单很多。陌生的环境可以让我们跳出熟悉的习惯和日常，创造新的散步体验。散步的时候，请尽量远离电子设备；留心身边的景色和声音，留心自己的呼吸，留心脚步与地面接触时的感觉；观察周遭的环境，唤醒所有感觉，将所有感受融合到经历当中并把它们联系起来。

散步回来后，把自己的体验写在笔记本中。请回答以下问题，它们能够帮助我们回顾所有的感觉，使我们的描述更加详尽和准确。

你碰到了什么？你闻到了什么味道？你看到了什么？你听见了什么声音？你尝到了什么？你是否出现了正念练习之外的想法？当其他想法进入你的意识时，你是如何处理它们的？随着步行时间的增加，你的意识变得更加清晰了吗？

早晨咖啡或茶

我非常喜欢细细品味早晨的第一杯咖啡，它能让我快速进入正念状态。你是否也愿意尝试一下这种非正式的正念练习呢？不喜欢咖啡的人可以用自己最喜欢的饮品代替。

准备好喜欢的饮品后，我们需要做的就是找一个让自己感到舒服的地方（我通常把咖啡带回床上，你也可以选择自己最喜欢的地方）。把杯子握在手中，留意杯子的温度，留心温度给双手带来的感觉。在品尝之前，把嘴唇贴在杯子上，留意杯子给嘴唇带来的感觉。细细享受饮品的香味，这种香味使你想起什么了吗？看着杯里的饮品，你想到什么了吗？喝上一口，记得留意啜饮时发出来的声音。你听见啜饮的声音了吗？你听见吞咽的声音了吗？不管是咖啡还是茶，我们的饮料总混合着几种味道。记得仔细品味这些微妙的味道，你留意到什么了吗？请把你的经历写在笔记本中：

你碰到了什么？你闻到了什么味道？你看到了什么？你听见了什么声音？你尝到了什么？是否出现了正念练习之

外的想法？当其他想法进入你的意识时，你是如何处理它们的？随着品尝咖啡或茶的时间的增加，你的意识变得更加清晰了吗？

正念与人际关系

我们可以采用正念的方法处理自己的人际经历。当我们处于正念状态时，当我们意识到自己的经历时，我们就可以阻止习惯性行为反应循环的发生。当我们遇到触发情境时，即我们的核心信念触发或我们过去的故事被复活时，我们就可以阻止它越演越烈，我们可以让自己意识到我们正在经历剧烈的情感反应，它给我们带来了消极的想法和难受的身体感觉。我们可以专注于当前的经历，我们需要等待那些剧烈感觉的消退，然后我们就可以根据事实做出深思熟虑的选择，我们就能够摆脱墙上影子的影响。

真相就是：这一刻发生的事情与我们的故事无关，当前的情境没有威胁我们的生命——我们的生存没有危险。在等待和观察的过程中，我们需要耐心，我们需要带着好奇心和同情心，我们需要以开放的眼光观察事实，只有这样，我们才能将自己与习惯性行为反应拉开距离。行为循环看似能够解决我们当前的困境，但这是由抛弃恐惧所引发的，是有害无利的。行为循环的初衷是为了保护我们自己，但最终它不仅会让我们更加难受，还有可能破坏我们的人际关系。

观察人际经历练习

让我们尝试每天观察核心信念的触发事件，这一练习对我们大有裨益，因为它能够帮助我们从消极的行为转向积极的行为。在第三章中，我们已经完成了人际关系触发练习，以下的练习是这一练习的延伸。当核心信念被触发时，请留意自己的感觉、想法、身体感受及行为冲动。当我们意识到过去经历的真相时，我们就会愿意接受这样的事实，即在大多数时候，我们根本没有必要做出任何回应。

当你完成这个练习时，你需要意识到：

♥ **自己的感觉**。感觉是否有增强或减弱？感觉是如何变化的（例如，从受伤害转变为愤怒了吗）？

- **自己的想法**。你认真留意过自己的想法吗？你能够放下判断让它们来去自如吗？
- **自己的身体感受**。你留意到自己的身体反应了吗（例如，身体温度的变化、心率的变化及呼吸的变化）？
- **自己的行为冲动**。你留意到自己的“自动驾驶”行为了吗？出现行为冲动了吗？
- **你意识到自己可以做出选择吗？**

人际经历练习

这项日常练习能够加强本章提供的正念技巧。当核心信念被触发时，“关注现在，活在当下”就能够帮助我们阻止无用的行为冲动。这一练习改编自专注解决人际问题的接纳与承诺疗法（acceptance and commitment therapy，简称ACT）。坚持不懈地进行练习才能起到理想的效果，才能帮助我们建立高效的行为方式。

请回答下面的问题，并把答案写在笔记本上：

事件：＿＿＿＿＿＿＿＿＿＿＿＿＿＿＿＿＿＿＿＿＿

核心信念情绪：＿＿＿＿＿＿＿＿＿＿＿＿＿＿＿＿＿

核心信念想法：＿＿＿＿＿＿＿＿＿＿＿＿＿＿＿＿＿

身体感受：＿＿＿＿＿＿＿＿＿＿＿＿＿＿＿＿＿＿＿

核心信念引起的冲动：＿＿＿＿＿＿＿＿＿＿＿＿＿＿

你会以冲动回应情境吗？如果是，请描述你的冲动反应。如果不是，你出现了怎样的行为反应呢？

让我们来看一看萨米（Sami）完成的练习。萨米拥有抛弃和情感剥夺两个核心信念。她是家中的独生女。在萨米的成长过程中，父母经常出差。父母在家的时候也总是只顾着他们两个人的恩爱，很少关注萨米的需要。无论是在身体上还是情感上，当萨米感到与他人距离遥远时，她的核心信念便会被触发。有时候触发事件并不是什么严重的事情，例如，朋友或者男朋友取消约会或者重新安排约会时间等这样普通的事情都会触发萨米的核心信念。请看其中一个事件：

- **事件：**就在我们第三次约会前，我收到瑞克（Rick）发来的短信，他说由于工作缠身不得不重新安排晚餐时间。
- **核心信念情绪：**焦虑、恐慌和悲伤。

- **核心信念想法**：他宁愿工作都不愿与我约会，他根本不喜欢我。

- **身体感受**：我感到胃部不适。此外，我还有一种空虚的感觉。

- **核心信念引起的冲动**：我不想回复他的短信。我想退缩、发怒。

萨米接下来以冲动回应情境了吗？她没有受制于冲动行为。她回复了瑞克的短信，她说："太糟糕了。我很期待快点儿见到你。"

这一练习能够帮助我们与经验相关的新知识保持联系。**某些情境之所以能够触发我们的核心信念，是因为核心信念植根于真实的经历和难以忘怀的创伤，它们让我们感到恐惧，让我们实施保护性行为**。现在我们已经知道核心信念和由核心信念产生的自动行为反应只会让我们感到越发糟糕，只会破坏我们的人际关系。因此，当我们的核心信念被触发时，我们不妨实施正念练习，这样我们就能将注意力放在当前的经历上，我们的情绪、想法和感受也会随之改变，我们不再诉诸于恐惧行为反应。当我们陷入过去的故事中，我们便会脱离现在的经验。在这种情况下，我们只能回应过去的经历，而忽略了当前的状况。

人际关系的失败和挑战总是缠绕着我们，或者我们总是遭到同一问题的困扰，我相信大家有足够的动力改变自己的行为，获得更好的生活。改变当然是我们力所能及的，但指引能使改变变得更加轻松一些，因为指引能够帮助我们不断前进，能够激励我们不断努力取得更大的进步。这就是下一章的目标——鼓励大家做出行为改变。

第五章，我将会讲述价值观的重要性。价值观驱动的行为将会如何发挥强大的作用？它们将会对我们的生活和人际关系带来什么样的积极影响？让我们继续下一段精彩的旅程……

第五章

用核心价值观代替核心信念

我们不可能消灭自己的核心信念，更不可能避免一切触发情境，那我们应该怎么做呢？事实上，并非所有因素都在我们的控制范围之外——我们可以控制自己对触发事件的反应。我们需要接受自己不能改变的事实，我们需要了解并遵从自己的核心价值观。

在前面的章节中，我们已经对自己进行了非常深入的了解，特别是对自己的核心信念和核心信念带来的情绪、想法、感受和行为。我们已经明确：纠结于过去的故事会给我们带来什么样的恶果——它能够引起恐惧行为反应模式，会带给我们更多痛苦，会破坏我们的人际关系。我们也明白，为了避免痛苦，我们必须做出反应。但我们所采取的恐惧行为反应只会让我们更加痛苦。我猜大家已经知道哪些行为对我们有害无益了，同时也对有益行为有一定的概念了。现在，让我帮助大家一起来改变自己的行为，让我们一起前进，共同建立健康、持久、有爱的人际关系。

这一章，我将会激励大家做出大有裨益的改变。

消除继发性疼痛

我们一直在逃避和隐藏核心信念带给我们的痛苦。在回应核心信念时，我们通常采取临时性措施，但它们最多只能暂时缓解我们的痛苦，我们知道这些行为并非长久之计，因为它们并没有彻底解决我们的问题。

从前面几章中，我们了解到自己根本无法避免消极的自我暗示。我们应该怎样做才能消除痛苦呢？很明显，我们不可能消灭自己的核心信念——它们已经和我们在一起很长时间了。我们更不可能避免一切触发情境。一切都是在我们的控制之外吗？我们应该怎么做呢？

事实上，并非所有因素都在我们的控制范围之外——我们可以控制自己对触发事件的反应。是的，答案就是这么简单。你可能会质疑这个答案，你可能会反问自己，真的这么简单吗？改变需要不懈的努力和坚定的决心。如何才能保持坚持不懈呢？答案仍然是简单的，我们需要接受自己不能轻易被改变的事实，我们需要了解并遵从自己的价值观。

在接纳与承诺疗法中，有一个关于疼痛的概念，它能够帮助我们创造改变的动力。接纳与承诺疗法指出，痛楚源自人类的经验。**核心信念带给我们的痛苦是不能克服的，因为我们的核心信念形成于童年的经历，它们属于个体经历中经久不衰的部分**。比如，如果我们早年有过被抛弃的经历，我们就总会觉得他人会抛弃自己，那么，每当我们遇到相关的人际交往情况时，抛弃这一核心信念便会一触即发。他人的批评、他人对我们的失望、退缩、愤怒会触发我们的核心信念及其同伴——恐惧感。

因此，接纳与承诺疗法并不是要消除核心信念及核心信念所带来的痛苦，关键是我们要学会以不同的方式回应被触发的核心信念。接纳与承诺疗法清晰区分了我们经历的每一种痛苦，这对于我们至关重要。

不可避免的和无法控制的痛楚是人类身体条件的一部

分，它被认定为原发性疼痛；而继发性疼痛是我们试图避免或控制原发性疼痛所产生的痛楚。是的，**我们有能力消除继发性疼痛，而这种痛苦正是人际关系遭遇问题的根源**。与核心信念相关的行为反应会产生这些痛楚，而这种痛苦（即继发性疼痛）是可以避免的。

我们对核心信念触发事件的行为反应正是人际关系困难的根源。因此，在疼痛问题上，我们需要采取以下两个步骤：

- 当核心信念被触发时，我们应该承认并接纳它给我们所带来的痛苦。
- 当核心信念被触发时，我们会经历洪水般的消极情绪，但不必惊慌，也不要被大脑的自动反应绑架，我们要尝试改变自己的行为反应。

回应被触发的核心信念会产生继发性疼痛，这种痛楚不是必然的，是可以选择的。我们可以选择消除这种痛苦，我们有能力控制它们的发生！这一发现极其鼓舞人心，但我们可能会变得有些焦虑，甚至怀疑自己的行动是否真的能够减少生活中的继发性疼痛。

下面我将引导大家专注于自己能控制的方面，同时承认并接纳自己不能控制的因素。行为模式很难被改变，但我会给大家提供一些很有说服力的理由，让大家有动力改变自己的习惯性行为，让大家采取新的行动。这听起来很有吸引力吧？请继续阅读。

创造性绝望：接受不可避免的痛苦

在前面的章节中，我们已经识别并评价了自己的应对行为。我们已经知道它们不仅无益于我们的人际关系，还会给我们带来额外的痛苦。我们习惯以简单粗暴的方式避免与核心信念相关的痛苦，但这不仅不能解决问题，还会制造出更多问题和痛苦，包括但不限于与他人隔绝、暴怒、一走了之、操控他人等方式。

你是否已经意识到我们所采取的一切试图控制和最小化与核心信念相关的痛苦的行为都不奏效？是的，我们的经验告诉我们，这种痛楚是无法避免的，一切逃避的行为都会以失败告终。那么，我们能够以其他行为取代逃避行为吗？

我并不建议大家逃避。我想告诉大家答案就隐藏于痛苦之中。我希望大家停止一切搏斗和挣扎的行为，然后用心感受与核心信念相关的消极情绪。我想对你说：**让我们放弃挣扎，让我们承认被打败了**。我们所采取的老方法，我们与这些固有的、不可避免的、无法逃避的痛苦的战斗只是徒劳之举，它从来没有成功过，也永远不会成功。

一时间是否难以接受？是的，我们可能会感到悲伤，因为我们必须接受生活中的这些痛苦，我们必须承认我们无法完全控制它们。但这也有积极的一面，即我们不再需要与核心信念相关的痛苦情绪苦苦斗争了，我们不再需要实施一切挣扎行为了。我们终于可以摆脱这种无效而费力的情绪斗争了，终于不用再接受那些花招的唆使了。

我们已经明白现在的行为根本不能帮助我们解决问题，现在让我们尝试一些更有效的措施。痛苦让我们学会聆听，痛苦是一切学习的源泉。我们的心灵和大脑是否已经接受这一事实，即过去的行为和努力都不能解决与核心信念相关的痛苦，相反，它们不仅会加剧我们的问题的恶化，还会给我们身边的人带来麻烦？只有承认并接纳这一事实，我们才能采取有效的行动。

你一定想知道，自己要怎么做才能实现彻底的改变呢？当核心信念被触发时，我们必须停止一切行为反应，我们要学会静静地观察痛苦，不做任何挣扎。我们必须承认经验只是短暂的，请把自己想象成天空，而非天气。天气是多变的，它可以是暴风雨、阴天、多云、下雪、下雨、晴天或是刮风。不管天气如何变化，天空始终会保持原来的状态，它会坦然地接纳和承受每一种天气变化。

想象一下，天空每时每刻都在接纳无穷无尽、瞬息万变的“私人事件”。再想象一下自己像天空接纳和观察天气一样接纳和观察着自己的情绪。你能够静静地观察自己所有的“天气”吗？你能够做到不挣扎、不尝试改变吗？你能安心地体会身体的感受吗？你能够坦然地观察大脑中的想法吗？你能够静静地体会情绪的波动和消停吗？当我们的核心信念被触发时，痛苦的想法和难受的情绪便会像恶劣的暴风雨一样袭击我们。但是，暴风雨终会减弱、会消逝，那时候空气会变得清新怡人。

你觉得自己能够像天空一样，做到从不与天气斗争吗？

痛苦的想法和感觉来来去去，它们不会永远驻足，就像天气一样。接纳与承诺疗法不太关注想法的真实性，它在乎的是想法是否有益于我们。消极想法总是存在的，我们不可能依靠积极想法去彻底消灭消极想法。因此，我们必须接受它们的存在，就好像天空接受天气一样。

留心天气

找一个舒适的地方，坐下来，闭上眼睛（如果想睁开眼睛，请将目光固定在某个点上）。现在，想象自己就是天空。当想法和情绪出现时，坦然地让它们消失，就像天空让天气逐渐消退一样。

不要刻意摆脱想法和情绪（天气）。我们必须承认它们的存在，我们必须知道它们只是短暂的，千万不要实施任何加工。有时候它们就像暴风雨一样，而有时候它们又变成局部多云或晴天。让它们以自己的方式消逝吧。继续观察下一次的想法和情绪，就好像它们是即将到来的天气一样。

如果你被某些想法或情绪所迷惑，提醒自己是天空，它们只不过是天气，然后让它们安静地消逝。

这一比喻和练习旨在加强大家的正念能力，让大家能够静静地观察想法和情绪，让想法和情绪以自己的方式安静地消逝。我们需要熟悉想法和情绪的洪流，这样我们就不会深陷其中。

现在，你是否想要知道如何才能一直在这条新的路径上走下去？什么措施能够防止我们重蹈覆辙、重新陷入熟悉的应对行为中？其实，当核心信念被触发时，当消极情绪（恐惧、悲伤等）和灾难性的想法如洪水猛兽一般侵袭我们时，我们有选择的自由，我们可以选择以一种积极的方式处理我们遇到的一切情境。

你还是会选择以前的行为吗？我相信阅读这本书的读者都有一个共同点，那就是发现自己以前的行为都不奏效。想尝试新的措施吗？方法并没有对错之分，更没有好坏之说，关键是效果。如果大家对自己的行动结果不满意，那么是时候尝试新的行动了。答案很简单：我们的行为必须能够让我们向目标迈进。是时候确定自己的价值观了。

基于价值观的行为

这是我喜欢接纳与承诺疗法的原因之一。因为我们都拥有核心信念，所以我们都拥有核心价值观。但是，当我们回应核心信念触发事件时，我们的行为很可能没能遵从自己的价值观。让我们来看看以下的例子，这是我从最近一档约会真人秀节目中发现的。

一位女士希望打败其他女士赢得心仪的单身男士的“芳心”。这位女士一时沮丧地猛烈抨击其中一位发型师，最后才发现这位发型师居然是心仪男士的妹妹。当这位女士的行为传到了男士的耳中，男士与这位女士对质，这时候的她被吓坏了，她感到抱歉。她对男士说：“那不是真实的我。我平常都不是这样的。那种行为与我的信念不一致。”

这些话一直萦绕在我脑中。

显然，这一情境触发了她的核心信念，但她发现自己的行为并不能很好地体现自己的价值观。我们也会遇到这种情况，但是我们是可以认识自己的核心价值观的。**把注意力放在核心信念上，这样我们就能够按照自己的核心价值观生活，并建立符合自己核心价值观的关系**。一旦我们的核心信念被触发，我们会经历如洪水一般的情绪，而核心信念会阻止我们利用自己的价值观做出任何行为反应。

通过了解自己的核心价值观，坚持不懈地以价值观来引导我们的生活，我们就能放弃核心信念驱动的行为反应。这就是我们改变行为的动力。确定和评估价值观的时候，请记住价值观是个人的，它与社会规范、外在压力及他人期望无关。

相信大家都听说过，生活不是一成不变的。是的，生活不会总是按照一定的规律发展。因此，即使我们遵从自己的价值观，事情也未必总是朝我们想要的方向发展。这是不好的一面。但积极的一面也是令人惊喜的。如果我们按照自己的价值观行事，那么事情就会越来越少地违背我们的意愿，我们对自己的行为和互动也会更加满意。为什么呢？因为我们的反应比之前的行为更加有益，也更加符合我们的核心价值观。

确定自己的核心价值观

认识自己的核心价值观是改变的第一步。价值观能够推动我们的改变，使我们成功。下面我将为大家罗列一张长长的价值观名单，但这并不代表列表中的价值观是完整的、详尽的。因此，大家可以根据自己的情况将自己的价值观添加到列表中。

在笔记本中写下自己的价值观，并对它们的重要性进行标注：

★重要　★★非常重要　★★★最重要

价值观		
善于接纳	意识清醒	精力旺盛
平易近人	客观一致	公平公正
成就感	知足	信念坚定

价值观		
适应性强	贡献	家庭
慈爱	善于合作	无畏
善于欣赏	勇气	热烈
和蔼可亲	礼貌	健美
自信	创造力	灵活
令人信服	信誉	说话流畅
专注	好奇	目标明确
觉悟	可靠	坚韧不拔
平衡	深度	自由
归属感	渴望	友好
友善	决心	重友谊
勇敢	勤奋	有趣
冷静	纪律性	慷慨大方
友情	动力	善于给予

价值观		
谨慎	责任	优雅
快乐	有效性	感恩之心
明确感	效率	成长能力
亲密	同理心	指导能力
承诺	鼓励	幸福
团结	耐力	和谐
同情心	正能量	健康
能力	享受能力	助人
实现	激情	诚信
镇静	卓越	荣誉
自信	兴奋	希望
联结感	表现能力	谦逊
幽默	耐心	简单
想象力	激情	真诚

价值观		
独立自主	和平	技能优异
个性	洞察力强	精神自由
好奇、求知欲	不屈不挠	稳定性
洞察力	坚持不懈	成功
灵感	趣味性	支持
正直	愉悦感	同情心
智慧	快乐	团队精神
聪颖	实用主义	感激
热诚	风度	深思熟虑
亲密度	理性	值得托付
反省能力	思考能力	信用
参与度	放松	真理
欢乐	可信赖	理解能力
善良	弹性	有用性

价值观		
学习能力	锐意	美德
生机勃勃	足智多谋	志愿性
长寿	恭敬	热忱
爱	责任	固执
精通	敬业	自愿性
成熟	满足	智慧
正念能力	安全	钦佩
动力	自我控制能力	青春活力
想法开放	无私	组织能力
开放	自力更生	分享能力
乐观	自尊	热情

有些人很容易就确定了自己的价值观列表，因为他们的价值观强烈而明显；有些人则觉得困难，因为他们的行为与自己的价值观完全脱节。不管怎样，请耐心点儿，请相信我们最终都能确定自己的价值观。

下一步就是把自己的价值观与自己的目的联系起来。我们的目的无非就是让行为遵从价值观。我们必须在人际关系中努力做回自己，并尝试所有办法去实现这一目标。毫无疑问，我们会遇到很多障碍，我们的想法和感觉会阻碍我们实现目标，前面一章已经谈及到这一点，它们会打击我们，会让我们分神，并让我们无法按照自己的价值观行事。

请在日记本中写下自己的价值观，并把其相应的目的也写下来。请看例子：

价值观	**目的**
开放性	向他人展示自我，拒绝隐藏自己。
勇气	就算害怕被抛弃，我也不会退缩。
联系	拒绝退缩，与他人进行有意义的接触。
好奇	不理解的时候，我会主动要求他人澄清。
正念	拒绝与过去纠缠，拒绝担心未来，关注现在，活在当下。

做完练习之后，你有什么感受吗？你是否更加明白自己想要的生活？你相信价值观及相应的目标能使你步入正轨吗？你相信它们能让你越来越靠近目标吗？你相信它们能帮助你建立持久而有爱的人际关系吗？

在接下来的两章中，我将为大家提供新的技能和工具，它们能够帮助大家管理人际关系中出现的悲伤、焦虑和痛苦。当我们以价值观行为反应代替无效的行为反应时，我们的关系就会得到改善。但是，它们并不能完全消除核心信念带给我们的痛苦。我们必须忠实于自己的价值观，用新的工具和技能管理自己的痛苦感受和情绪，这样我们才能一直行走在正确的道路上。

接下来，请继续你的精彩旅程。

第六章

核心信念触发的消极想法对关系的影响

“他将会离开我”“他将会生病或死亡”“没有人理解我”等这些想法都会触发我们的核心信念行为（战斗、逃跑或原地不动）。如果我们拥有抛弃这一核心信念，那么即使我们并没有真的被拒绝，失去和抛弃的想法也会侵袭我们。我们不能阻止这些想法，事实上，任何人都不能。它们会不断涌现，不断缠绕我们。

在前面五章中，我们学习了核心信念；认识了自己的核心信念和触发核心信念的人物类型和情境；了解了自己对核心信念触发事件的反应；知道了正念能够帮助我们关注现在，活在当下；发现了价值观是我们能够改变的动力。在接下来的三章中，我们将会探讨消极想法和情绪对我们的影响，探索它们是如何触发无效行为的。

有害无益的想法、情绪及行为无时无刻不在影响着我们的人际关系和生活质量。当我们尝试控制局势时，当我们尝试操控他人时，挫折和痛苦便会随之而来。当我们开始审视我们的无效行为时，我们便会发现自己能够摆脱核心信念引起的应对行为，远离那些既痛苦又有害无益的反应。让我们在建立健康而充实的人际关系的道路上再向前迈进一步。

你准备好了吗？请继续阅读！

扫除自己的认知障碍

是时候让我们更深入地探索自己的想法了。消极想法就像核心信念一样——它们永远不可能消失。因此，我们必须开发出新的方法以应对自己的有害想法。在前面的章节中，我们已经意识到自己的行为是不可能达到目的的。核心信念触发的行为能够导致人际关系问题，这就是我们行为的障碍。即使我们不再用核心信念，而用价值观代替，我们依然需要处理消极想法。这些消极想法就是阻碍我们人际关系的认知障碍。

想要改变应对想法的行为，我们必须彻底认清它们的面目，了解它们的工作机制。

首先，让我们把核心信念分成三种不同的类型：

- 基于过去经历的预测（这可能包括抛弃、伤害、拒绝和失败的想法）。
- 失败的回忆。
- 对自己和他人的否定判断。

“他将会离开我”“他将会生病或死亡”“没有人理解我”等这些想法都会触发我们的核心信念行为（即战斗、逃跑或原地不动）。如果我们拥有抛弃核心信念，那么即使我们并没有真的被拒绝，失去和抛弃的想法也会侵袭我们。我们不能阻止这些想法，事实上，任何人都不能。它们会不断涌现，不断缠绕我们。

说到“涌现”，我们可以将与核心信念相关的想法具象化，把它想象成爆米花，然后把大脑想象成永不停息的爆米花机。我们的想法不断涌现，我们不能阻止它，也不能把它暂停。产生什么样的想法、什么时候产生这种想法完全由大脑决定，就好像爆米花机永无休止地生产出爆米花一样。

让我再强调一次，无论我们怎么努力，怎么挣扎，我们永远不可能阻止消极无用的想法进入我们的大脑，它们会不断涌现。更糟糕的是，我们越是反抗，消极想法就越是肆虐，而且，最终胜利的总是它们。消极偏见比任何积极想法都强大，因此无论我们用什么积极想法应对，我们都会输给它们。

与消极想法对抗和作斗争是徒劳的。想象自己正与大脑进行一场拔河比赛，我们越是挣扎，越是驱赶想法，大脑就越是紧紧抓住它们不放。我们的大脑在源源不断地供应记忆、猜想和判断，因此摆脱消极想法最有效的方法是放弃反抗，放下拔河的绳子，停止控制大脑。我们必须接受消极想法永远不会从大脑中消失这一事实，我们需要做的是——停止一切干扰行为，让想法以自己的方式来来去去，即使它们会让我们感到痛苦和不安。

你可以选择陷入消极想法的旋涡中（或许你已经有过无数次这样的经历，或许你已经意识到这简直毫无用处），也可以选择驱赶它们，但我们都清楚，它们永远不会消失，总是会回来找我们的麻烦。核心信念想法总喜欢激发我们的战斗行为，它们喜欢我们陷入斗争之中。

更为糟糕的是，一切反抗行为都是这些想法的温床，它们只会让消极想法愈演愈烈。试图远离消极想法的行为只能起到暂时性的效果，它们还会回来打搅我们。如果我们利用毒品、酒精、赌博和疯狂购物来麻醉自己，那么消极的想法不但会重新回归，而且还会制造更多的消极想法，因为这些应对行为让我们的自我感觉更糟。

让我们使用“扩散”（让它们自然消逝或影响力最小化）的方法来处理自己的消极想法。**扩散包括三个步骤：观察、命名及放手**。

在第四章中，我们已经体验过正念练习了，正念能够让我们更清晰地意识到自己的大脑和想法。通过静静地关注自己的想法，我们能够洞察当前的情境而不触发自己的核心信念和自动行为反应。**请切记，想法只不过是我们的暂时性经历，我们不需要施加应对行为，否则，继发性疼痛便会悄然而至**。关注自己的想法、不做出任何判断能够让我们对当下的情况更加明了。关注自己的想法是第四章中“正念专注练习”的一部分。请回顾上述部分的内容并坚持每天练习。

给想法命名

在接纳与承诺疗法中，扩散想法的重要方法就是给想法命名。如果我们承认并接纳自己的想法，其消极力量便会自行消退。在我们眼中，它们不再是真相，它们不再是代表我们或代表当下情境的事实。它们只是纯粹的想法，只是出现在脑海中的毫无利弊的存在。

核心信念触发的想法经常烦扰我们的大脑。我们可以给它们命名，但不要想得太复杂，只需要根据它的本质简单地命名即可——“这是我的想法，我会失败”“这是我的想法，我会遭到背叛”。还有更简单的命名方式，例如“这是失败的想法”“这是多疑和虐待的想法”。我们还可以根据不同的核心信念将其命名——“这是我的失败核心信念”“这是我的多疑和虐待核心信念”。

如果你总是将反复出现的想法与某个特定的人联系在一起，那不妨来看下妮娜（Nina）的故事，我们可能需要模仿她的做法。

妮娜拥有抛弃和自我否定信念。每当事情进展得顺顺利利时，她的消极想法便会浮现出来。几年前，她与一位优秀的男士相爱，这位男士待她如珠宝，他对她的爱是无条件的。妮娜与母亲分享自己的喜悦和爱情，希望母亲能够为自己高兴。但母亲的反应让妮娜感到异常失望。母亲冷漠地询问妮娜：“这么好的男人，你值得拥有吗？”听到这句话，妮娜像泄气的气球一样，整个人都被打败了。每当那些痛苦无助的想法出现在脑海中时，她都会无奈地告诉自己："都是因为母亲！"

放手的想法

放手是扩散技能的第三个步骤，也是处理想法的最后一个步骤。当我们练习放开想法时，我们就能看到想法在逐渐消散并最终消失。在这一过程中，我们可以借助其他媒介，比如，将想法寄托在某个物品上，这样放开想法就变得更加简单。你可以使用最适合自己的意象。

珍妮弗（Jennifer）能够与路标产生共鸣。开车的时候，她把想法寄予路标——当标志消失时，她的想法也跟着消散。同样，托尼（Toni）经常乘坐飞机出差或旅行，他选择将自己的想法寄予飞过的云朵，这样到达下一个目的地时，消极的想法就会自动消失。

放手练习

现在让我们尝试放开消极的想法。闭上眼睛，想象自己把想法放在路标上或者云朵中。此外，我们还可以尝试以下方法：

♥ 想象小溪上漂浮着一片落叶，让我们的想法随着树叶漂流。

♥ 想象自己放开气球的场景，气球逐渐离我们远去，而我们的想法就在气球上越来越远。

♥ 将想法寄予在一块石头上，石头沿着山坡不断往下滚，直至消失在我们的视野中。

请记住，想法是有生命的，我们不能控制它们，更不能让它们消失。如果我们试图忽略它们，它们反而会更加持久。唯一的解决办法是承认它们并让它们自动消失。请好好练习观察、命名和放手。当想法再次光顾时，我们就重复以上步骤。当我们很熟悉观察、命名和放手这三个步骤后，我们便会发现有些想法反而变得更加强大了，它们轻易就能捕获我们的注意力并唆使我们。我们必须认清这些想法，仔细分析它们。

还记得妮娜的故事吗？还记得总是缠绕她的痛苦吗？“这么好的男人，你值得拥有吗”这一想法是她母亲给予她的。妮娜发现，每当感觉关系良好时，这样的想法就会涌现，类似的想法还包括“你不值得拥有”和“你配不上”。这些想法给妮娜造成了极大的困扰，她发现自己就像母亲说的那样，根本配不上优秀的人，这往往导致妮娜自己破坏自己的关系。当处理这种棘手的想法时，我们总想深入地研究它们，总想努力地远离它们，却发现自己总是在白费力气。那么，如何才能远离这些棘手的想法呢？

远离棘手的想法

像妮娜一样，大部分人都拥有无益的想法，它们与我们的核心信念息息相关；像妮娜一样，我们竭尽全力都不能摆脱这些想法，它们锲而不舍地缠着我们。这些棘手的想法一如既往地刺激我们，强迫我们实施有害无益的行为。你可能会觉得什么也帮不上忙，你不知所措。你试过接受、观察、命名及放手，但有时候你还是忍不住做出消极的回应。

这时候，我们需要做的就是以自己的价值观为指导方针去回应，这是最奏效的办法。

利用价值观远离棘手的想法

在第五章中，我们确定了自己的价值观。请回顾价值观列表，看看那些对你重要的价值观。接下来，请回忆那些特别棘手的想法，它们持续涌现，让你的行为无法遵从自己的价值观。请把这些想法写下来。

现在，让我们更加仔细地观察这些棘手的想法。请回答以下问题，并把答案记录在笔记本上：

这一想法最初出现是在什么时候？

这一想法对你的行为有什么影响？

这一想法对你的人际关系有什么影响？

你可以接受这一想法吗？你会因此而不能遵从自己的价值观吗？

我们可以分解自己的想法，然后确定它的来源——过去的经历，这样我们就能与这些想法拉开距离。你现在知道它们是如何阻碍我们的生活了吗？你知道它们是如何让我们远离自己的价值观了吗？

让我们来看一看妮娜是如何回答以上问题的。

这一想法最初出现是在什么时候？

从童年开始，我就觉得自己不够好，这一信念一直伴随着我。在我20多岁的时候，我母亲的话深深打击了我，那些话让我觉得这就是我，这就是事实。现在我已经40多岁了，但这种想法依旧十分强烈。

这一想法对你的行为有什么影响？

我觉得对方知道真实的我后会离开我，为了避免这种痛苦，我刻意隐藏真实的自我，因为我觉得自己不值得被爱，我有缺陷。

这一想法对你的人际关系有什么影响？

这种想法仍然在制造痛苦，它让我刻意隐藏真实的自己，它总是阻碍我建立真实和真诚的关系。

你可以接受这一想法吗？你会因此而不能遵从自己的价值观吗？

我可以接受这一想法。现在我在竭尽所能地展现真实的自我，我正在努力与他人建立真实的联系。

棘手的想法是我们故事的一部分。在第四章中，通过学习柏拉图的“洞穴寓言”，通过使用当中的隐喻，我们成功地与过去的故事拉开了距离。同理，我们可以远离痛苦的想法，因为它们源于我们的故事，是我们故事的一部分。我们都知道，**我们的故事、我们的想法都在困扰我们的人生，它们使我们不能遵从自己的价值观，它们不能提升我们的生活质量，它们不能促进我们的关系**。我们的故事、我们的想法在主导我们的人生。当我们与它们拉开距离时，我们就能以正确的角度来看待它们，就有了选择的空间，就能实现梦想中的自我，就能决定自己在人际关系中的模样。

当内心的批评家复述消极想法时，我们便会与过去的故事苦苦纠缠在一起。这是消极想法缠绕我们的另一种方式。现在让我们来看看这些内心批评家。

内心批评家：想法的叙述者

大家都很了解这个常驻的敌人。它不请自来，它向我们叙述着所有消极的东西，有人会以酒精麻醉自己，有人会用巧克力、薯片、饼干、冰淇淋打发它，但这些方法统统不管用。此外，请勿浪费善意的话语，这种“斗争”只是徒劳之举。更糟糕的是，当我们觉得自己已经适应了它所带来的痛苦时，它立即会变本加厉：“怎么样，觉得难受吗？我会让你更难受！”不要害怕，我们必须勇敢地面对它。

我们内心的批评家寄居于每个人的内心，不可避免，无法逃脱。内心的批评家是一个彻彻底底的捣蛋鬼，它总爱叙述痛苦的经历，让过去的故事活灵活现。它通过提醒我们过去的经历，巩固着我们的核心信念。

“感觉他在远离你。上次你有这种感觉的时候，他就离开了你。”（抛弃信念）

“不要相信这个家伙！还记得上一个和你谈恋爱的家伙吗？他背叛了你！”（多疑和虐待信念）

“听听他和同事的谈话吧！在他的心目中，同事的位置比你更重要。他离开你只是时间问题，他一定会找到比你更好的人。”（失败信念）

“他还没对你说他爱你。他可能永远不会爱上你吧。”（情感剥夺信念）

“不要让他察觉到真实的你。上一个家伙发现后不就离你而去了吗？”（自我否定信念）

这些听起来很熟悉吧？

如果我们正在经历这些触发我们核心信念的情境，我们的内心批评家便会迅速剥夺我们的注意力，并承诺向我们提供一个解决问题的捷径。但千万不要开心得太早，千万不要跟随它的步伐，因为它会把我们推向关系陷阱。内心的批评家不仅不能帮助我们向自己的价值观靠拢，也不能帮助我们建立健康的人际关系。因此，竭尽全力摆脱内心的批评家吧！

更糟糕的是，事情并没有那么简单。摆脱消极想法看似非常美妙，这让我想起《美丽心灵的永恒阳光》（*Eternal Sunshine of the Spotless Mind*）这部电影。

金·凯瑞（Jim Carrey）和凯特·温丝莱特（Kate Winslet）扮演一对一起经历了一段吵闹不断的关系的恋人，凯特·温丝莱特非常渴望忘记它。她尝试抹掉这段记忆 ，但这是不可能的，除非她完全忘记对方，完全忘记和他在一起的时光。

金·凯瑞发现了凯特·温丝莱特的这一计划，于是他也决定这么做。但是，当他开始这个计划时，他发现自己和凯特·温丝莱特拥有很多美好的回忆。他不愿意抹去这些开心的回忆，宁愿忍受这段关系中的痛苦经历。

难过和痛苦的回忆总是伴随着快乐的回忆出现，我们不能只抛下悲伤。因此，让我们学会接受这一切。既然我们不能摆脱内心的批评家，那我们要怎么做呢？现在，我们已经对自己的核心信念了如指掌，我们已经意识到自己的想法、情绪和行为冲动，我们已经认清自己的价值观了，我们已经决定必须遵从自己的价值观行事。

既然我们已经对自己有了一种全新的认识，那我们应该如何面对内心的敌人呢？我们应该如何避开想法和关系陷阱呢？我们应该如何往前迈进呢？答案就是——培养自我同情。

培养自我同情

我们必须培养自我同情。我相信大家对同情心并不陌生，也都曾经对家人或朋友施予过同情心。我们同情他人，特别是在他人经历悲伤的时候，我们渴望减轻他人的痛苦。同情的主要目的是消除痛楚，那我们该怎么定义自我同情呢？自我同情就是善待自己、关心自己、抹掉自己的痛苦，平复内心批评家引发的想法和感觉，不必识别它们，不要让它们成为我们过去经历的触发器。

寻找内在小孩

寻找内在小孩是培养自我同情的最简单的方法之一。我们必须在乎那个既受伤又脆弱的小孩，只有这样，我们才能安慰她，抹去她的痛苦。从本书的前两章里，我们可以感受到自己就是那个既受伤又脆弱的小孩。我们的核心信念来源于那些带有创伤的童年经历，一旦它们被触发，那个小孩的模样便呈现得淋漓尽致。即使长大成人，小孩的影子依旧时刻伴随着我们。她渴望获得关爱，希望从受伤的经历中解脱出来，摆脱内心批评家的恶毒话语。为什么我们不可以以同情的姿态面对自己内在小孩呢？为什么我们不可以保护她，让她免受内心批评家的折磨呢？我相信大部分人的答案是肯定的，让我们采取措施，好好怜悯这个可怜的自我。

自我同情能够安抚我们的内心，能够让我们远离内心的批评家和消极想法，能够缓解我们的被抛弃恐惧，能够缓和我们的自卑情结，我们的不配得感和不足感也会逐渐消退。下面让我们来看看内心批评家的恶行，我们必须与他拉开距离。

内心批评家故意放大我们所犯的每一个错误，他的理由是防止我们再犯同样的错误。问题是，内心批评家过度指责我们，让我们产生不足感，让我们不遗余力地避开相关的一切，这简直就是矫枉过正！他强迫我们采取回避行为——例如，由于害怕关系失败，我们会停止一切社交行为，我们甚至不愿意为前途光明的关系冒一丝风险，因为我们要安抚内心批评家，否则他就会抬起丑陋的头威胁我们。

我们必须认识那些阻碍我们实现目标的行为，这对于我们至关重要。在认识这些行为的过程中，我们不能判断、不能做出消极评论，否则这些行为会变本加厉地伤害我们，因为内心批评家过度严厉的批评不仅会适得其反，还会产生抑郁和焦虑。**内心批评家迫使我们警惕和防御自己的弱点，但这只会让我们更加痛苦**。我们应该诚实地面对自己，真诚地为自己的行为和错误承担责任。

逃避缺点和错误只会把我们推向怨天尤人的深渊，在这一慢性状态中，我们埋怨他人、责备环境、怨恨过去的故事，并最终陷入这样的纠缠中。研究表明，自我同情与情绪健康关系密切。自我同情越充分，焦虑和抑郁就越少。众所周知，自我批评是引起焦虑和抑郁的重要因素，而远离自我批评是自我同情的重要特征。更为重要的是，自我同情能够解除威胁系统（威胁系统与不安全依恋、自我否定和自主神经系统唤醒相关），激活自我安慰系统（自我安慰系统与安全依恋、安全感和催产素相关）。研究还表明，自我同情能够降低皮质醇（应激激素）的水平。

最后，自我同情应该成为我们生活的一部分，它与社会联系、情商、生活满足感和智慧相关，它会让我们的人生变得更有意义。大量研究证明了实践自我同情的必要性，研究提供的证据极具说服力。自我同情是遵从价值观的根本动力，是避免关系陷阱的有效途径，能帮助我们建立有意义且持久的关系。

每个人都有优点，也有缺点，这是无法避免的。但重要的是，我们能以健康的、有益的、情感安全的和非判断的方式分析它们，这样我们就能更容易地从中学习。为了向符合价值观的行为靠拢，为了建立健康的人际关系，自我同情心允许我们做出适当的改变。

接受是这段旅程的主角——我们必须接受痛苦的童年经历；接受核心信念引起的人际关系挑战；接受怨人怨己是毫无用处的，必须要采取其他方式；接受自我同情的重要性，必须善待自己、关心自己、理解自己。

自我同情是人性的共通点。每个人都会受苦，每个人都有痛苦的经历，每个人都会犯错，每个人都会失败。承认和接纳这一事实能够降低我们的孤立感，减轻自责感。

让我们面对这个现实——没有人是完美的。我们都会犯错，关键是我们如何处理自己所犯的错误，我们在面对失误时是如何对待自己和他人的。面对失误，你是善待自己还是自欺欺人？你是安然接受痛苦还是千方百计地逃避（例如，埋怨他人、与他人拉开距离、用酒精麻痹自己、暴饮暴食、沉溺于工作之中）？前者是有益的行为，后者是有害的行为。我们已经浪费太多时间与痛苦的经历纠缠、与难过的想法斗争、与悲伤的情绪搏斗、与难受的关系抗争。我们还要继续这样吗？是时候停止反抗了，以全新的方式对待自己，改变对待自己的态度了。这是自我同情的核心部分，它不仅要求我们善待自己，还要求我们明确这个事实：痛苦是无法避免的。

请善待自己！我们必须承认自己的错误而不加以评论；我们必须接受错误带给我们的痛苦而不做挣扎；我们必须关心自己，安慰自己；我们必须关注当前的经历、活在当下，不要利用错误刺激过去、毁灭将来（例如，“没有人会喜欢我”“我终将孑然一身”“我不够好，他们都不爱我”）。给自己承诺，给自己想要的东西、值得拥有的东西，寻找童年时无法获得的东西。这意味着我们需要承认自己的不懈努力和成长，而不是惩罚自己的不足。让我们为自己的痛苦而感动吧，不要再责怪自己了，因为这样只会制造更多的痛苦。

随时与内在小孩保持联系。如果我们与内在小孩失联了，不妨随身携带自己的照片（那些你可能收藏起来防止磨损的照片），它可以充当我们内在小孩的角色。当我们需要安慰自己的内心时，我们就可以看一看这张照片。你想对这个小孩诉说什么呢？“别害怕，我就在你身边。不要担心犯错误，没关系的。犯错误是学习和成长的过程。”这就是一个很好的诉说例子。

自我同情运动

找一张自己的童年照片。在看照片的同时，在笔记本上写下一些要点。

为了使照片中的小孩感到安全、被爱、被接受、被欣赏、被重视、被宠爱和被尊重，我们会做什么？我们会对他说些什么呢？

看着照片中的小孩，你有什么感受？

你能对自己敞开心扉吗？

你是否发现你对自己没有那么挑剔了？

每当发现内在小孩的需要时，请看一看这张照片。只有同情自己、爱护自己，我们才会懂得关爱他人，我们才能建立持久而有爱的人际关系。

在下一章中，我们将会更仔细地研究这些情绪，我们将会探讨管理情绪的方法。

请继续你的精彩旅程。

第七章

核心信念触发的消极情绪对关系的影响

核心信念触发的情绪会给我们带来强烈的痛苦感受，会让我们回忆起以前的痛苦时刻。为了逃避伤害的感觉，为了消除痛苦情绪，我们可能会失去对当下的掌控，不自觉地做出有害的行为。但是，这类行为不仅不能帮助我们摆脱痛楚——更为糟糕的是，它增加了我们的痛苦。

痛苦情绪促使我们实施毫无益处的应对行为。当我们受到伤害时，为了逃避伤害的感觉，为了消除痛苦情绪，我们便会实施消极反应。但是，这类行为不仅不能帮助我们摆脱痛楚——更为糟糕的是，它增加了我们的痛苦。无论我们怎么努力，都不能挣脱痛苦的情绪，也不能脱离消极的想法，它们还在不断地涌现。当痛苦情绪浮现时，我们应该怎么办呢？

答案很简单，那就是学会接受。我们要学习接受消极情绪的策略。我们可能会疑惑，它们明明会产生痛苦，为什么我们还要接受它们呢？

核心信念触发情境或互动引起的情绪会给我们带来怎样的影响呢？它们会给我们带来强烈的痛苦感觉，会让我们回忆起以前的痛苦时刻。这时，“雪球”的雪不断掉下，当初的情景历历在目。**因为我们正在经历过去的情绪，回忆过去的经历，所以我们可能会失去对当下情绪的掌控**。如果我们深陷于“雪球”摇晃呈现的情景当中，我们便会不自觉地做出有害的行为，从而产生自我挫败的感觉。虽然事情已经过去，但是当我们经历核心信念触发事件时，熟悉的情绪和感受便会再次光临，它们会蒙蔽我们的双眼，让我们回到以前的地点和时间中。

还记得第三章中关于雪球的描述吗？这个雪球已经很多岁了。虽然雪球中那些地标仍然存在，但外界已经发生了翻天覆地的变化。雪球记录下了当时我们居住的大楼，但这座大楼现在已经消失得无影无踪。我说这些无非是想强调雪球记录下的风景已成过去，那些核心信念触发事件能够激活的情境已离我们远去。

创建自己的雪球练习

想象过去的痛苦事件，这个经历可能会代表你的核心信念，也可能是一件令你十分痛苦的事情。请回答以下问题，并把答案写在笔记本中：

雪球记录下的场景是哪里？

雪球记录下的经历涉及哪些人？

这个场景对你来说意味着什么？

这个场景与你的哪些情绪相连？

我们已经从“雪球”记录的经历中捕捉了很多过去的情景，现在你是否相信核心信念触发的痛苦情绪与过去的故事有关？如果答案是肯定的，你是否能将注意力转移到当下？

你是否能够抵制自己的冲动，防止自己实施消极行为反应？你是否能够及时提醒自己，让自己明白这些消极的想法和强烈的情绪属于过去的雪球，而非现在的经历？

还记得第三章的艾玛吗？她的父母在其刚升高三的时候离婚了。完成这个练习之后，让我们一起来看看艾玛的“雪球”。

雪球记录下的场景是哪里？

雪球的场景是一个沙滩。

雪球记录下的经历涉及哪些人？

场景中只有我自己，我站在沙滩上凝视大海。

这个场景对你来说意味着什么？

我是孤单的，自从父母离婚之后，我便感觉自己被他们抛弃了。因为他们，我在经济上和情感上都感到相当绝望——那时正值大学申请阶段，是一个非常重要的时期，可他们没有给予我一点儿支持和关爱。大海代表了一切我必须自己处理的东西，它们就像大海一样，浩渺、无边无际，能够压倒一切。

这个场景与哪些情绪相连？

我感到害怕、孤独、愤怒及悲伤。

我们还可以创建一个全新的雪球，它代表我们的现在或将来。你可以用任何东西填充它，只要它能够代表现在的你就可以。第五章中确定的某些价值观是不错的选择。这个雪球必须能够明确我们不是过去的自己，过去的雪球情境并不能代表现在的我们，我们不需要再对以前的经历做出回应；又或者，以空白填充雪球，这样我们就可以用开放的态度接纳现在和未来的无限可能。

容忍自己的情绪

当某个情境使我们的消极情绪泛滥，你会如何处理这些情绪？你会一走了之吗？你会逃避一切沟通吗？ 你会借酒消愁吗？你的大脑完全被消极事件占据了吗？你开始退缩了吗？你不能集中注意力了吗？你晚上失眠了吗？

以下三种情况能够让我们的情绪久久不散：

- **反复琢磨：**一次又一次地思考这次痛苦的经历。
- **逃避：**不敢面对情绪，不愿意接受它的本质。
- **情绪激发行为：**实施破坏人际关系的应对行为。

我相信大家已经意识到这些行为根本不奏效。情绪能够刺激行为，关键是我们必须选择有益的行为，选择那些不会恶化情绪或恶化人际关系的行为。事实证明，玛莎·林内翰（Marsha Linehan）创造的辩证行为疗法（Dialectical Behavior Therapy，简称 DBT）中的“容忍痛苦”（distress tolerance）在处理消极情绪方面十分奏效。容忍痛苦不会导致长期消极。**容忍痛苦的主要目标是帮我们度过危机而不恶化情况**。在这一过程中，我们需要保持积极的意识，因为积极的意识是做出正确决定的基础。

现在让我们更加深入地探究痛苦情绪的处理方式。有时候，我们难以容忍核心信念触发的情绪，它们会以压倒一切的姿态缠绕着我们。为了挣脱这种情绪，我们迅速做出反应，这是非常可以理解的。这总让我回忆起童年时代的游戏：丢手绢。小朋友围坐成一圈，然后他们将手绢快速地传给另一个小朋友，这样音乐停下来时，手绢就不会落在自己手中。但是，快速的反应或应对策略通常只会使情况更加糟糕，也会让我们觉得自己更加不堪。某些应对策略能起到暂时性的效果，会让我们感觉舒服一些（例如，抽烟或喝酒能够缓解我们的焦虑感或恐慌感），但最终我们还是需要承担痛苦。从长远来看，这些应对策略不仅不能缓解痛苦，还可能给我们制造额外的问题。

应对策略的代价

实施有害的应对策略需要付出代价。我们可以从下面的列表中识别对自己毫无益处的应对行为和它们产生的代价，把这些行为和代价记录下来。列表中的“其他”是指填写列表中没有罗列出来但与你相关的其他行为和代价。

毫无益处的应对行为	代价
责怪、批评、挑战或抗拒他人	容易失去友情、爱情和亲情；其他人都想避开我们；伤害他人的感情；其他
表面上顺从，实际上通过拖延、抱怨、迟到或表现不佳进行反抗	忍受不健康的关系；造成工作问题；其他

毫无益处的应对行为	代价
通过控制他人达到自己的目的	疏远他人；伤害他人；其他
试图给他人留下深刻的印象或引起他人的注意	错过真诚有爱的关系；疏远他人；其他
通过操纵、剥削和诱惑达到自己的目的	摧毁人际关系；创造不信任的气氛；疏远他人；其他
孤立自己、不参与社会交往或与其他人脱离关系	错过快乐和一切美好的东西；感到沮丧、孤独和寂寞；其他
表现独立自主，喜爱独立活动，例如，阅读、看电视或玩电脑	独处时间逐渐增多；感觉更加沮丧，失去与他人的联系，感到孤独；其他
寻求刺激或者刻意让自己分神，例如，强迫性购物、赌博、冒险的体育运动	金钱问题；健康问题；关系问题；羞耻感；死亡；其他
用药物、酒精、食物或过度的自我刺激来麻醉自己	上瘾；金钱问题；健康问题；关系问题；其他
通过脱离关系、否认、幻想或其他内心撤退方式进行逃避	孤独感、羞耻感和压抑；其他
过分依赖他人；让步；被动行为；避免冲突；试图取悦他人	人际关系负担过重；不能满足自己的需求；其他

这一练习的作用非常强大。有时候，如果不是有白纸黑字的证据，我们都不能感受到实施有害的应对行为需要付出的代价。这一练习能够快速明了地向我们展示这种应对行为的危害，情绪固然难以忍受，但行为带给我们的结果却是毁灭性的。一旦实施这些行为，痛苦便会迅速转化为灾难。请记住：**毫无益处的行为反应虽然能够快速让我们远离痛苦，但这种逃避痛苦的行为只能起到暂时的作用**。

让我再强调一次：痛苦是不可避免的，它是人类身体的一部分。然而，我们可以尝试控制痛苦发生的时间和地点。如果我们以毫无益处的（不适用的）应对行为处理自己的痛苦，代价就会悄然而至。请记住我们的目标：**以健康的行动处理痛苦**。做到这一点之后，我们就可能永远不遭难。也就是说健康的行为能够消除生活中的痛苦，它在我们掌控的范围之内。因此，是时候让我们认识一些健康且大有裨益的应对行为了，这样当我们的核心信念被触发时，当我们感觉被消极情绪打倒时，我们就能采取这些行为保护我们自己。

穿越情绪迷雾

想象一下，当你行驶在高速公路上，突然进入一片大雾之中，大雾妨碍我们看清路面状况及周围的汽车。你还会以每小时105公里的速度继续行驶吗？还是放慢速度、靠边停车、等待雾气散去？大部分人会选择后者，因为在那种条件下，按照原来的速度继续驾驶太过冒险。

现在想象一下自己深陷消极情绪的浓雾之中。这些情绪非常强烈，能够压倒一切。让我们先下意识地放慢速度、靠边停车、等待大雾散去再回到刚才的情境。在等待痛苦的情绪迷雾消散的过程中，我们可以实施一些分神的活动。当我们重新上路时，我们便会豁然开朗：是我们主动让情绪迷雾消散的。在知道自己能最小化或者完全可以避免这些额外问题之后，我们便可以回归到该情境中。

那么，分神活动应该具备什么特点呢？答案就是所有能够让我们挣脱痛苦情绪的健康活动。做点儿别的事情，不要总是以消极的行为应对核心信念触发事件，因为在这段时间里，强烈的痛苦情绪会慢慢消退。当我们能够控制自己的消极情绪时，当我们与它们拉开距离时（时间能够帮助我们远离痛苦的情绪），我们就能更容易地做出有益的抉择。

分散注意力的活动并不是为了逃避情绪；它们能够让浓雾逐渐消散，让我们看得更加清晰。分神活动能够防止我们实施不健康和毫无益处的行为，因此它们能够保护当下的我们。在经历消极情绪时，我们可以利用分散注意力的活动杜绝不健康的应对行为。看完这些建议后，我要求大家根据自己的实际情况、空闲时间、可利用的机会和条件创造属于自己的"私人分心计划"。

“私人分心计划”练习

任何形式的运动都是分神的有效途径。运动能使我们的身体释放内啡肽，内啡肽是一种天然的止痛药和抗抑郁剂，它能够改善我们的心情，有益于我们的身体健康。此外，内啡肽能够降低皮质醇水平（一种与压力相关的激素），能够保持并增加我们的自尊心。身体运动能够改善我们的血压、体重、心脏疾病、II型糖尿病、失眠症、抑郁症、焦虑感、骨密度、肌肉强度、免疫系统及关节灵活性。此外，运动还可以增加流向大脑的血液和供给大脑的氧气，增加促进意识活动的化学物质（多巴胺、谷氨酸、去甲肾上腺素和5-羟色胺），增加生长因子，促进和帮助形成新的神经细胞。换言之，运动不仅能使我们转移注意力，让我们远离不健康和毫无益处的应对行为，还有益于我们的心理和生理健康。

志愿服务

当你的核心信念被触发时，当你必须面对消极情绪的洪流时，当前的一切都开始与你相关，它们会成为你的经历。正是这种“一切都与我相关”的感觉给我们带来了问题——这就是为什么分神活动能够有效解决问题，特别是我们将注意力放在其他人身上，我们不再与自己的想法苦苦纠缠时。志愿服务不仅有益，还能帮助我们跳出思维的陷阱。

放松与自我照顾

常见的快乐盒子

想要分神，我们还可以创造一个快乐盒子，里面装着我们喜爱的画作、信件、卡片、照片及纪念品。这些物品能够代表快乐、愉快、爱、欢乐和有趣的时光。当消极情绪泛滥时，我们可以看看里面的东西，因为它们会让我们感觉良好。我认为，不管是哪个年龄段的人都需要快乐盒子，因为这一方法实在太奏效了。当我们深陷情绪迷雾的时候，当我们对生活中的美好视而不见的时候，快乐盒子就能够帮助我们重拾快乐。

快乐盒子最好包括以下物品：自己的照片（照片中的你

面带微笑或在做自己喜爱的事情)；你和你所爱的人的照片；来自某人的信件或笔记(他们感谢你的善举或称赞你的为人)；能够代表愉快经历的物品。

我们将盒子里面的东西一一罗列出来，并说明它们的意义。我们可以尽情发挥自己的创造力，随时根据自己的需要安排盒子里面的东西。如果你总是忙碌不停，我建议你找一个可爱的化妆包(不要太大，但要能装进钱包里)，把有意义的东西装进去。把快乐盒子里的东西存好档，放在办公室里；把清单放进钱包，或者储存在智能手机里，或者直接把盒子中的东西照下来储存在智能手机中。

每当我们面对痛苦的想法和情绪时，每当我们需要从这些痛苦中分神时，以上做法都能够让我们快速回顾快乐时光。

个人分心计划

现在是时候创造自己的个人分心计划了。开始之前，让我们先想一想哪些重复出现的情境经常触发我们的核心信念。如果有需要，我们可以回顾一下第三章的内容。我们还可以翻开自己的日记本查看识别触发行为练习和触发事件练习。你通常被哪些情景触发？有没有特别的触发地点？有没有固定的触发行为？

上面我们已经识别了一些触发情境，让我们为每一个情境罗列一些合适的分神活动，请使用卡纸、便签或者智能手机，千万不要使用笔记本。我们可以参考前几页提供的建议。请记住，最喜欢的活动不一定是最合适的，我们要根据不同的情境选择合适的活动（例如，虽然我们喜欢跑步，但如果我们在工作，我们就不可能用跑步作为分神活动），因此在罗列分神活动时要考虑不同的情况和环境。

为了以防万一，我们可以罗列一些万能的分神活动，即不管在哪里，不管遇到什么情境，这些分神活动都是适用的。把写好分神活动的卡纸或便签放在自己的钱包里或智能手机上。现在，我们已经完成了自己的分心计划。这样当我们陷入情绪迷雾时，当我们被情绪打倒时，我们就可以通过分心计划转移自己的注意力。

难受和痛苦的情绪能够刺激我们的消极行为，这些行为会打败自己，破坏我们的关系。此外，它们还会使我们陷入过去的故事之中；它们会创造情绪迷雾，这些迷雾会蒙蔽我们的双眼，阻止我们实施健康的、有益的行为反应。

在这一章中，我们仔细学习了自己的情绪，探索了容忍情绪的方法，了解了如何与消极情绪拉开距离。在下一章中，我们将会学习如何摒弃自动反应，实施深思熟虑的行为反应。

让我们继续探索。

第八章

核心信念触发的消极行为对关系的影响

核心信念触发的行为反应通常是情绪性的——别人觉得你不好，于是你羞愧；你担心被拒绝，于是你害怕。反应之后，问题并没有得到解决。相反，我们会感到更加孤独和压抑，或者引发人际关系问题——他人可能会利用你、拒绝你、远离你或者让你愤怒。显而易见，情绪化反应带来的结果都是消极的。

现在让我们仔细看一看自己的行为反应及其后果。每当我们的核心信息被触发时，核心信念就会给我们带来痛苦，于是，我们自然而然地做出回应。反应带来的后果通常是情绪性的——别人觉得你不好，于是你羞愧；你担心被拒绝，于是你害怕。反应之后，问题并没有得到解决。相反，我们会感到更加孤独和压抑，或者引发人际关系问题——他人可能会利用你、拒绝你、远离你或者让你愤怒。显而易见，情绪化反应带来的结果都是消极的。

正如第三章所讨论的，我们的行为反应——战斗、逃跑或原地不动都根源于人际关系问题。我们不能改变自己的核心信念，不能改变触发核心信念的因素，也不能改变由此引起的感受。但是，我们可以改变自己的行为反应。

反思自己的习惯性行为

想要改变自己的核心信念行为，观察行为的结果和识别它们的模式是改变的第一步。我知道这一过程会让我们不舒服，因为我们要回忆过去的消极行为，而这些消极行为让我们感觉很糟糕，它们可能会让我们回忆起过去的不开心。因此，这理所当然不是一种愉快的体验。尽量不要去评判自己，不要以好坏来评价这些行为。我们只需要以有用和无用来区分它们。改变行为及扭转结果的最好方式是学习以前的经验，观察以前的行为和结果。

让我们先从笔记本中的某些内容开始。首先，回顾一下触发事件练习。还有其他能够触发你核心信念的情境吗？还有需要增加的内容吗？如果是，请在笔记本上写下。然后，再让我们看看“识别自己的行为反应”这一练习。你最喜欢依赖哪一种应对行为？你有固定的行为反应吗？你是否发现自己的行为来来去去就只有两种：退缩和依恋。你知道自己的行为模式吗？清楚以上问题的答案之后，在触发事件发生时，我们就可以立刻识别它们。请记住：不要做任何判断。

在第七章中，我们确定了与自动应对行为相关的代价。看看你是如何回应“应对策略的代价”这一练习的。请特别注意那些毫无益处的行为及其带来的后果。如果你还想到其他行为和代价，现在就把它们写下来。

现在让我们来看看自动应对行为对人际关系的影响。对方是如何回应你的行为的？思考他们的即时反应，也思考一下他们的长期反应：他们生气了吗？他们不回电话了吗？他们是如何回应的？请记录下对方的反应。

你是否意识到自己的行为并不能产生期待的结果？你发现对方的反应模式了吗？你的行为让你们之间的关系更加亲密牢固了吗？我相信，自动反应与我们的期望大相径庭。

你有过满意的反应吗？你获得过期待的结果吗？这些是在什么情境下发生的？你的行为与平常有什么不同？如果是，请描述你的行为。你喜欢对方的回应吗？如果是，请把它们写下来。

消极想法容易引发核心信念触发的应对行为，它们的关系一目了然。为了应对这种痛苦，我们会做出一系列的不适应反应，而它们会破坏我们的人际关系。战斗、逃跑和原地不动反应会伤害其他人，会使他们离我们远去，会让我们感到失落、疏离和悲伤。经验告诉我们，我们的想法毫无益处。

在第六章中，我们详细学习了有害想法，并仔细学习了它们对人际关系的影响。让我们把这一部分涉及的所有内容放在一起。接下来我将为大家提供更多的动力，让大家实施健康的行为，让大家更加注重行为与价值观的关系。之后的练习能够让我们更加明白价值观对行为反应的积极意义。

利用价值观作为行为的动力

改变习惯性行为非常具有挑战性，因为习惯性行为就像陋习一样，我们总倾向于回到以前的行为或者让自己感觉舒服的行为。但是习惯性行为——无益行为——不能让我们拥有自己想要的关系。我知道采取全新的行为、实施有益的反应十分具有挑战性，它甚至会让我们感到奇怪和不舒服。但如果我们利用价值观作为改变的动力，我们就能更容易地接受这一挑战，更容易忍受它带给我们的不适。

现在我再次要求大家将自己的行为和价值观联系起来。首先，让我们来看看毫无益处的行为。

请回答下面的问题，并将答案记录在笔记本中：

确定自己的价值观，特别是那些与人际关系相关的价值观；

列出你的核心信念；

解释触发事件；

描绘毫无益处的应对行为；

描述行为结果。

你的行为让你更靠近自己的价值观了吗?

（使用以下计分方式对答案进行评分。1分 = 完全不接近；2分 = 基本上不接近；3分 = 一般；4分 = 稍微接近；5分 = 基本上接近；6分 = 非常接近。）

你发现自己的无用行为导致自己与价值观疏远了吗?

当我们实施新的、有益的应对行为时，让我们再来看看自己是否更加靠近价值观了？我希望大家能不断重复这一练习，请特别注意有益的行为反应是如何改变结果的。

请回应下面的问题，并将答案写在笔记本中：

确定自己的价值观，特别是那些与人际关系相关的价值观；

列出你的核心信念；

解释触发事件；

描绘有益的应对行为；

描述行为结果。

你的行为让你更靠近自己的价值观了吗？

（使用上述计分方式对答案进行评分。）

你发现自己的有益行为让你更接近价值观了吗？

我相信大家也会注意到抵抗冲动和抵御自动（无用）应对反应十分具有挑战性。毫无疑问，想要实施有益的应对行为，我们需要付出更多努力。当我们越来越多地使用健康应对策略的时候，它们自然而然地就会成为我们的自动应对行为。

我们需要点儿耐心，只要坚持不懈，我们最终一定能够形成使用有益行为的习惯，实施有效的反应最终会成为我们的冲动。实施有益行为能够强化我们的有益经验和情感。我们的自我感觉会更加良好，因为我们将实施与自己价值观一致的行为。此外，我们与他人的互动也会更加健康。

卡丽（Carrie）拥有抛弃、多疑和虐待三个核心信念。父亲的一言一行都在告诉她，她不可以表现出脆弱，因为“每个人都想把你搞垮”，因此“你要时刻保持警惕”。

让我们来看看卡丽的答案：

确定自己的价值观，特别是那些与人际关系相关的价值观：

信任和联系。

列出你的核心信念：

抛弃、多疑和虐待。

解释触发事件：

每当认识新朋友的时候。

描绘毫无益处的应对行为：

警惕、防御和保留。

描述结果：

我不能与对方有真正的联系。我的行为太敷衍了，所以我遭到了对方的拒绝。

你的行为让你更靠近自己的价值观了吗？

得分：1。

卡丽的无用行为与自己的价值观不一致。你很可能也会有这样的经历。在第五章末尾，我们给自己的每一个价值观都确定了目的，让我们回顾一下，它们会提醒我们实施与价值观相符的行为。

接下来我将会为大家介绍远离无益行为的技巧。

反其道而行之

在前一部分，我们识别并检查了自己不健康的、无用的应对行为，这些行为正是回应触发互动或事件的自动反应。当我们回应核心信念触发事件时，当我们处理触发事件产生的消极情绪时，大部分人采取的是消极的自动反应，它们不仅让我们远离了自己的价值观，还摧毁了我们的关系。

那么，我们要如何避免这样的行为呢？以下我将会为大家介绍一种效果显著的技能。在本章及前两章中，我们探讨了想法、情绪和行为的关系。这三者组成了一个棘手的团体，在它们的精心布置下，我们很容易陷入无休止的恶性循环中，因为消极的想法会引起痛苦的情绪，痛苦的情绪又会刺激无益的行为，无益的行为反过来又会强化消极的想法和情绪，而它们正是痛苦的源泉。

让我们再看一看第四章中的“人际关系触发练习”，我们很快便会发现自己的行为并不能消除情感痛苦。此外，稍微回顾一下前一章完成的“应对策略的代价”学习，我们便会清楚这些应对策略根本不能使我们向价值观靠拢。

让我们来听听克莱尔（Claire）所说的话（克莱尔拥有抛弃和情感剥夺等核心信念）。

当我和很喜欢的人谈恋爱时，我总是渴求与他拥有某种形式的接触，以此来确认他真的喜欢我。当我在工作上遇到困难时，当我与朋友发生矛盾时，我更加渴望从他那里获得安慰。如果他没有及时回复短信或电话，我就会浮想联翩。我会觉得他不像我爱他那么爱我，他肯定是想和我分手，他根本不在乎我等。我开始焦虑、压抑、害怕、受伤和孤独。我迫切想要找出真相，我忍受不了这种不确定性和模糊性。

最近，我又与他发生了一点儿事情。我打电话给他，他没有回应我。第二次，他还是没有回复。他为什么不听我电话呢？我一共打了5次电话，仍然没人应答，我整个人都崩溃了。

最后，他终于接电话了："有什么问题吗？"我说："没有什么特别的，今天我很难过，我想听听你的声音。"他说："天啊，克莱尔。我以为你找我有紧急的事情，我正在开一个重要的会议。我偷溜出来听你电话！"他挂断了我的电话。我发疯似的给他发短信，恳求他的原谅，我为自己异常的行为道歉——我却没有说自己撒谎了，因为我习惯了使用这种模式与男友相处。

我们可以看出，克莱尔渴望亲近的行为——不必要的沟通、渴求安慰、依恋——实质上使她与男友疏远了，这让她感到孤独、不被爱。她的行为根本毫无益处，它们不能使她向自己的价值观靠拢，也不能帮助她获得自己期待的人际关系。

当我们深陷某种行为模式时，当这一模式不能帮助我们达到目标时，我们就需要“反其道而行之”。这是辩证行为疗法的一种技巧，就是选择与自动反应相反的行为，以应对消极想法和情绪。

下面我们来看一个有趣的例子。

乔治：“不行，杰瑞，这真的不奏效。”

杰瑞：“什么叫不奏效呢？”

乔治：“为什么事情会这样？我对人生充满希望，我富有个性，我聪明伶俐。除了在学术方面，我的洞察力非凡。例如，在派对上，我总知道哪些人无所适从。今天我才明白，我人生中的每一个决定都是错误的。生活总是与我期待的样子相反。我生活的方方面面都听任本能，吃的穿的，但它们都错得一塌糊涂。”

杰瑞：“如果你的本能是错的，那么它的反面就是正确的！”

乔治："是的，我应该尝试反其道而行之。我曾经一整天呆坐着，什么也不做，过后又十分后悔，现在我应该从反面考虑，我应该着手做点儿什么。"

我相信大部分人都曾经有过像乔治一样的经历——我们所做的一切都是错误的，生活总与我们的期待大相径庭。阻碍我们实现人生目标的行为存在着某一固定模式。

在第三章和第四章中，我们探索了自己的行为方式，检视了自己的行为，分析了行为的结果。我们意识到了自己回应核心信念触发事件的自动行为，我们知道了消极想法和情绪是引起无益行为的罪魁祸首。这种新的认识对我们大有裨益，但消极的情绪可能会盖过一切，我们对有益的行为可能会视而不见，于是我们又会实施类似的行为，即冲动的行为、让我们事后后悔的行为。

让我们再来看看克莱尔通常的行为反应：

- 不必要的沟通或过度沟通。
- 总是渴望他人的安慰。
- 依赖。
- 渴望得到他人的肯定。

反其道而行之的行为反应：

- 不主动沟通。
- 实施“个人分心计划”，以提高自身的幸福感。
- 跳出自己的经历，通过投入其他事情或与其他人相处来实现联系的愿望。
- 正念练习，关注现在，避免深陷过去的关系或担心未来的关系。

反其道而行之的练习

以下练习能够帮助我们计划和实践“反其道而行之”。请回答下面的问题，并将答案写在笔记本中：

描述情境：

确定自己的核心信念：

列出自己的情绪：

描述自己的通常反应或行为：

描述行为结果：

现在识别出反其道而行之的行为反应：

反其道而行之的行为会带来怎样的结果？

反其道而行之的情绪会带来怎样的感受?

以下是克莱尔的回答：

描述情境：

从昨天早上开始，我就没跟他聊过天。我今天心情很糟糕。

确定自己的核心信念：

抛弃和情感剥夺等核心信念。

列出自己的情绪：

焦虑、悲伤、孤独、恐惧和空虚。

描述自己的通常反应或行为：

我变得十分依赖他。我拼命想找到他。我想确认他是不是真的喜欢我，我想确认我们的将来。

描述行为结果：

他变得很生气，开始远离我，最后还和我分手了。

现在识别出反其道而行之的行为反应：

我不再主动联系他，我默默地等待他主动与我联系；我练习正念，关注现在，实施分神行为，让关系自然展开，在初期阶段不再渴望确定性。

反其道而行之的行为会带来怎样的结果?

因为我没有实施不必要的沟通或过度沟通，没有过度依赖他，不再渴求安慰和肯定，所以我不会把他吓跑。

反其道而行之的情绪会带来怎样的感受？

我为自己感到骄傲和自豪，因为我实施的行为可以帮助我靠近理想中的自己——我不再实施消极行为，因为它们只会让我与自己的价值观渐行渐远。

练习结束时，克莱尔想象：如果当初自己的行为能够符合自己的价值观，她就能拥有积极的情绪。我们不妨回顾一下第五章中的“识别自己的价值观”这一练习，因为那里有我们自己确认的价值观。

请记住，价值观是我们改变的动力。此外，我相信大家也留意到克莱尔其中一个反其道而行之的行为是正念练习。正念是我们成功处理无益想法、情绪及行为的基石。关注当下能够让我们做出正确的决定，能够让我们向目标不断迈进。

心理灵活性

这本书呈现的所有概念、工具及技能都是为了帮助大家远离习惯性的想法、情绪及行为，它们能够让我们以全新的方式看待消极的想法、忍受痛苦的情绪及选择价值观驱动的行为。这种引导我们积极面对压力情境的有效方式能够让我们的思维更加灵活。

这本书的所有内容都是为了让我们远离核心信念与核心信念引发的消极想法、情绪和行为。这意味着我们要关注现在，打破以前的自动行为，不陷入消极的想法和情绪中，以开放的态度接纳当前的经验、实施积极有效的行为反应。

这就是所谓的心理灵活性，它是接纳与承诺疗法的关键因素。**心理灵活性是指“以人类特有的意识关注当前的情况、与当前的情况产生联系及实施与价值观一致的行为”**。心理灵活性能够改善我们处理人际关系的行为、维持社交功能的行为，并保证我们的行为与价值观相符。

本书旨在引导大家踏上改变的旅程，这一旅程能够帮助我们选择合适的行为；实施与自己价值观和目标相一致的行为；消除（或至少极大减少、最少化）让我们远离价值观的行为；远离损害我们身体、情绪及心理健康的行为（例如，逃避某些情况、充满怒气的回应行为、过度喝酒等）。本书提供的所有信息和技能都是为了这一终极目标：了解情境所需，调整行为，使我们不断向自己的核心价值观靠拢。

我们常常不能意识到自己有选择的余地，特别是深陷情绪迷雾之中时。上一部分完成的练习能够指导我们，让我们灵活应对压力事件。我们已经识别了自己之前使用的毫无益处的反应模式，我们已经选择了有益的行为反应，它们能够给我们带来不同的结果，让我们勇敢地挑战根深蒂固的自我评价和积重难返的人际关系信念。这一过程能够帮助我们重新塑造自己的自动反应，使我们积极地应对产生消极情绪的情境。

当我们打算改变想法和情绪的关系时，我们就能够观察它们而不去评判，就能够承认它们的存在而不会形成苛刻或判断性的依恋。将注意力从让我们感觉糟糕的事情上转移，拒绝自动的、毫无益处的应对行为，我们就能够把精力集中在积极的行为上，并向我们的价值观靠拢。

我们会有意无意地依恋自己的核心信念和与核心信念相关的恐惧。我们曾经深深陷入内心批评家无休止的评论之中。我们参与自我评价和他人评价，我们的行为方式就是为了保护自己（至少是暂时保护自己），避免自己受到伤害和经历痛楚。但现在，我们清楚地知道自己根本不可能消除消极的感觉和痛苦的情绪，它们是人类身体的一部分。

因此，我们需要接受自己的消极想法和情绪，而不是控制或消除它们，我们可以利用它们学习和成长。如果我们不去评判自己的消极想法和情绪，如果我们能够带着好奇的眼光和开放的心态去了解它们，我们就能受益良多，也就能实施与价值观一致的行为。当我们不再与消极想法和情绪斗争时，当我们不再抵抗它们、不再强调它们时，我们就能轻易地选择有益的行为。

现在是时候学习沟通技巧了，它们是建立和维持人际关系的根本。这些技能可以帮助我们与他人建立诚实、开放和相互理解的联系。

第九章

在亲密关系中，我们都需要沟通的艺术

高效健康的沟通能够让我们与他人连接起来，避免人际关系陷阱，这样即使我们碰到核心信念触发人或事件，我们也不会深陷其中，从而最终建立健康、持久、有爱的人际关系。我们需要学习的沟通艺术包括自我表露、倾听技巧、表达需求、确认、同理心及道歉。

沟通在生活中扮演着至关重要的角色，它能够帮助我们创造成功和幸福。高效、健康的沟通能够让我们与他人连接起来，建立持久有爱的关系。另一方面，不良的沟通会导致不健康的人际关系。如果在成长的过程中，我们的家庭并没有给我们树立健康沟通的榜样，我们就很可能深陷只在短期有效的沟通模式之中（让人感到舒服），然而这种沟通模式不利于我们建立持久而有爱的关系。

以前，我们的行为和反应总是为了保护自己，至少这些行为给我们的印象是这样的。然而，我们已经开始意识到自己的沟通方式伤害了我们的人际关系，它阻碍我们建立健康、持久和有爱的关系。本章提供的技巧会挑战我们现在的沟通方式，从而帮助我们形成积极的沟通技巧。

以前，我们的一切反应和行为都是自我评价的体现，自我评价的影子一直紧紧地跟随着我们，这些影子源自我们的故事——我们过去的故事。但是，过去的故事只能代表特定年龄的我们，只能代表某一性格的我们。现在一切都改变了。我相信，谁都不愿意重新经历过去的故事，也不想做出与自己价值观不一致的事情。

现在是时候采取新的沟通方式了，这样我们才能够建立健康、持久、有爱的人际关系；是时候抛弃无益的沟通方法了，因为它们只会让我们过去的故事复活。

这一章里，我将会为大家介绍新的沟通技巧，它们能够帮助我们与他人建立亲密的关系，避免人际关系陷阱，这样即使我们碰到核心信念触发人或事件，我们也不会深陷其中。我们需要学习的艺术包括自我表露、倾听技巧、表达需求、确认、同理心及道歉。

让我们开始吧！

自我表露

作为成年人的我们，是否浪费了大部分的时间来隐藏自己的脆弱呢？“向对方揭露自己的秘密”这一想法很可能触发以下想法：

“如果他了解到真正的我，他就会离开我。”（抛弃信念）

“如果我放松警惕，他就会伤害我。”（多疑和虐待信念）

“如果我告诉他我的真实面目，他不会理解我，也不会爱我。”（情感剥夺信念）

“如果我告诉他我的真实面目，他会觉得我配不上他的爱。”（自我否定信念）

“如果他发现我的真实面目，他会觉得我很奇怪。”（失败信念）

自我表露会触发核心信念，这是可以理解的。我不会吹嘘坦露自己的弱点是多么容易的一件事情，也不会要求大家彻底表露自己或随便向别人坦露自己的秘密。自我表露也需要找到一个平衡点。此外，我们还需要确定哪些人值得我们表露，哪些人需要更好地了解我们。如果表露和亲近的对象不对，我敢肯定这只会引发你更剧烈的情感痛苦。显然，第三章中确认的那些会触发我们核心信念的人群类型（抛弃人群、虐待人群、批评人群、毁灭人群和剥夺人群）不是我们表露的对象。

现在的你以怎样的态度对待自己的人际关系？你会如何表达自己？你会以温暖的姿态还是冷漠的态度与他人相处？你向朋友表露真实的自我了吗？还是刻意隐藏自己，以虚假的自我保护自己免受伤害？隐藏真实的自己相当于拒绝与他人建立有意义的联系，你愿意承认这一点吗？是的，坦露自我可能会触发我们的核心信念，我们会暂时性地陷入过去的旋涡。但是，我们不再陷于从前，我们能够成就崭新的自我和人际关系。

在第五章中，我们确认了自己的价值观。希望你已经开始过一种以价值观为导向的生活，特别是在人际关系方面。你有给以下的价值观标注吗？包括接受、可靠、关心、同情、联系、慷慨、诚实、亲密、善良、爱、开放、互惠、尊重、自我意识、自我发展或信任。如果有，那我们必须自我表露，因为它是我们创造健康持久关系的基石。说到这里，我相信大家还是觉得自我表露相当可怕。

事实上，我们在不知不觉中就透露了自己的信息，而且这种表露具有一定的规律性。我们的行为、我们的面部表情、我们的移动方式都会揭露我们的信息。因此，我们早已经在不知觉中与他人沟通自己的信息。现在我们需要学习的是如何高效且恰当地实施自我表露。沟通的过程必须包含其他人，必须包含新的信息，而且这些信息必须能够代表真实的自我（这一自我没有被核心信念扭曲，也不是为了吸引他人而装出来的）。

为了让他人更好地了解自己，我们不仅需要拓展自己已为人知的一面，还需要释放自己隐藏的一面，即自知而其他人不知的一面。因为在他人眼里，这些都是难以知晓、不可观察的。这就意味着我们需要分享或者从隐藏的自我中释放自己的想法、感觉及需求，这样他人才会认识真实的我们。释放的自我越大，隐藏的自我就越小，我们就越能从表露中受益。

自我表露的回报

加深对自己的了解。我们不是已经知道自己隐藏的一面了吗？为什么坦白隐藏的自己能够让我们更加了解自己呢？

没错，从表面上看这的确自相矛盾，但千真万确。他人了解我们多少，我们就了解自己多少。因为如果我们总是隐藏自己的想法、情绪和需求，如果我们从来不坦白真正的自我，我们就不懂得如何清晰地表达自己，就发现不了自己的想法和行为的不一致性，就无法处理需要解决的问题。

此外，自我表露还能检测自己长期的想法、感觉及需求是否还适合当前的自己，它们可能属于14岁的我们，但与35岁的我们无关。**我们越是与他人沟通隐藏的自己，我们就越能更好地了解自己**。分享隐藏的自己，听自己说出那些在脑海中不断盘旋却无处可去的话，这会很有启发性。最终，你会发现自我表露这种新的沟通方式能够让我们从消极的信念中解脱出来，收获更多快乐时刻。

获得更亲密的关系。分享能够缔造更紧密的联系和更深层次的关系，因为分享需要双方的参与，即自己向对方坦白真实的自我时，对方也向我们表露他们的真实自我。只有单方面的表露是不够的，这样的关系依然是肤浅的、不够好的。想想自己现在的关系。你最在乎谁呢？再想想以前的人际关系吧，谁对你更加重要？没错，我可以与有着相同价值观、经历、爱好的人玩得很尽兴，我可以与他们彻夜狂欢，但是知道我真实内心的人才是我真正的朋友。

改善沟通。表露就像一个反馈循环：当我们主动坦白自己时，他人也会向我们敞开心扉；当我们向对方展示自己的脆弱和不为人知的一面时，他人就会很放心地与我们相处。于是，沟通不断向更广、更深的方向发展，双方都能够轻松、自然地分享自己的想法和感觉，这样，你们的共同话题就会越来越多。

减轻内疚感。在童年时期，我总是担负着深深的内疚感。自从远离了原生家庭，我开始将家庭的一切瑕疵隐藏起来，不让他人知道一点儿蛛丝马迹。**缺点固然不是好东西，但羞耻感和内疚感更加可怕，它们常常伴随着我**。通过自我表露，我发现自己的经历并没有想象中那么异常。为了抗拒自己的缺陷，我的父母创造并延续了一个又一个谎言，而自我表露使我从谎言编织的网中解放出来。自我表露能够让我们以更加客观的态度面对自己的内疚感，让我们不再浪费精力隐藏自己的秘密、过失或想法。

增加我们的能量。总是让他人看到我们最好的一面，总是根据他人的期待展示自己，总是隐藏真实的自我，这些会使我们精疲力竭。隐藏自己的缺点对于我们来说是一个巨大的负担。我们总是害怕他人知道自己的秘密，总是担心他人提问，于是我们总不愿深入地与对方分享自己的故事。当我们敞开心扉时，当我们不再隐藏自己时，我们便有更多的精力去创造自己梦寐以求的关系。

我们应该何时表露自己？应该表露多少？

表露也需要看时机，表露的内容也有所讲究。初次见面时最好不要把自己最不堪的历史、最痛苦的经历告知对方，这不是明智的举动，也不是成功的表露。大家不妨按照以下三个步骤进行自我表露，这样会增加我们成功的概率：

第一步：只表露与自己相关的事实。事实包含多个因素：何时、何地、何事和何人等。在这一步中，我们应该避免发表任何感想和意见。我建议大家先在第一步中停留一会儿，这样我们就能以舒服的心情进入第二步。第一步能够让我们获得对方足够的信息，让我们觉得彼此的关系有机会逐渐升温发展。当我们不再感觉局促，能够自然地表露真实的自己时，我们就可以进入第二步了。

第二步：在这一步中，我们可以开始表露自己的想法、感觉和需求——请注意，不要谈现在的想法、感觉和需求，是谈过去的或将来的。例如，我们可以谈论自己的未来职业规划，我们可以讨论作为独生子女的成长经历。我们可以对第一步表露出来的事情发表看法、感想和需求。让我再强调一次：千万不要谈论现在的想法和感觉。当我们能够惬意地谈论这些内容时，我们就可以进入第三步了。

第三步：这是最艰难的一步，因为它要求我们分享自己现在的想法、感觉和需要，这着实有一点儿冒险。在这一步中，我们可以选择与对方分享自己的吸引力；我们可以谈论对对方话语的感受；我们可以告诉对方，与他相处的感觉是放松还是紧张等；我们还可以选择表达自己的需要（这是后面的内容）。

自我表露的实现需要一个过程，不要着急，慢慢练习这些步骤。在我的成长过程中，我的家庭在自我表露方面没有给我树立良好的榜样，无论是家庭内部还是家庭外部，自我表露都不是我的沟通方式，如果你与我的经历一样，那么自我表露可能有那么一点儿挑战性，因为对你来说，这是一个全新的领域。掌握一项新的技能需要花费一定的时间，而练习也是必不可少的。我们一定要勇敢地踏出第一步，跳出自己的舒适区，这样我们才能够收获自我表露带来的关系回报。

自我表露练习

在笔记本中把自己的价值观罗列出来——特别是那些与关系相关的价值观。在每一个价值观旁边写下一些值得表露的东西，那些我们认为可以帮助我们建立持久关系的东西。

然后，确定练习自我表露的最佳人选——他可以是一位新朋友或刚开始约会的对象；为自我表露的三个步骤准备一些可以讨论的话题。

当我们采用这一新的沟通技巧时，我们可能会感到恐惧。不用担心，害怕、拒绝、评判、惩罚和抛弃是自然且正常的事情。我们可能会担心他人在背后嘲笑我们、议论我们，我们也可能会害怕他人占我们便宜。这些都是正常的担忧，且大部分是因童年经历而引起的。这时候，我们不妨回顾一下第二章中触发我们核心信念的人群类型，看一看不健康关系的警告信号。我们需要避免向触发人群坦露自己的消极经历，并最大限度地减少这类经历。

倾听技巧

倾听技巧是健康沟通的重要组成部分，也是建立持久关系的必要条件。感觉被聆听是一种强大的体验。它能够带给我们被在乎、被认可、被重视的感觉。我们的生活充斥着各种各样的诱惑，如果对方能坐下来细心聆听我们的话语，我们就会感到与他们实现了真正的连接。当我们与对方分享自己的重要经历时，当我们传递意义非凡的信息时，我们十分在乎对方是否在认真地聆听。在学习积极倾听技巧之前，我先给大家介绍阻碍我们聆听的障碍。

大多数时候，我们是真心想聆听对方的话语，但我们总是遇到各种障碍，我们每时每刻、有意无意地在与这些倾听障碍斗争。然而，对抗这些障碍的最好方法就是认识它们。

假装倾听与真实聆听的区别

我相信所有人都曾经假装倾听或半倾听过。我和我的女儿凯莉（Kelly）就是其中一个例子。我们都能判断对方是否在认真聆听。我们的交流通常是这样的：如果对话到一半时，她没有回应我刚才的话，而她平常都会回应的，这时我就知道她没有全心全意地倾听。于是我对她说："凯莉，你有听到我的话吗？"她说："当然有啊，妈妈。一字一句我都听得很清楚。"然后她就向我复述她听到的每一个词。

但很明显，她没有加工她听到的话。她虽然听到了我的话，但她不能做出合理的反馈，她需要更长的思考时间，甚至需要我重述刚才的话。（我也坦白一下自己在这方面的表现：凯莉对我抱怨过同样的事情，我的儿子也在投诉我看手机的时候完全忽略了他们的对话。）这就是假装倾听的例子。

没有真实聆听对方的我们，就是在给自己制造私密空间，我们可能在想其他事情或开展内心对话。让我们开始留意自己的状态，我们何时假装倾听，何时认真聆听？当

我们没有 全心全意投入当前的情境和进入当下的交流时，我们会错过重要的信息，我们会错失建立良好人际关系的机会。

倾听障碍

当我们在聆听对方与我们沟通的信息时，我们可能会面对许多障碍，它们会影响我们的倾听能力。当我们需要站起来发表意见时，大部分人可能都还处于迷糊的状态，他们的注意力（大脑）主要集中于琢磨如何表达自己上（例如，倾听了前面的人的话后，我们可能会改变自己的想法）、评判其他参与者的话语（例如，萌生与对话无关的其他评价："他这套衣服是专门挑选的吗？"）、将自己与其他人比较（"她真的好聪明啊！"），也可能会思考今晚的计划（"当这一切结束的时候，我要喝一杯大大的鸡尾酒！"）。于是，倾听障碍越发肆虐，而我们所参与的对话或情境可能就会激发我们的核心信念。

因此，我们必须认识这些倾听障碍。有研究指出，倾听有十二大障碍，这些障碍都在妨碍我们正确理解对方的话。具体障碍如下。

比较：比较会扭曲我们倾听到的话，因为倾听者把注意力集中在比较上，而不是话语本身。在这种情况下，倾听者将自己的经历与说话者的经历或当时的情境做比较（拥有失败核心信念和自我否定核心信念的人比较容易发生这种情况）。

读心：这一障碍会扭曲沟通本身，因为倾听者没有把注意力放在对方的话语上，而是专心琢磨说话者的“真实”想法和感受。这一障碍通常在核心信念被触发时发生，倾听者根据自己过去的经验和故事猜测结果。

排练：在这种情况下，倾听者把全部精力用于排练如何回应对方上，因此双方不能实施顺畅而彻底的沟通。

过滤：这一障碍也会扭曲沟通。当倾听者听到某些让他感到不快的语调或话题时，他们会停止倾听对方的话语或任由自己的大脑不断琢磨这些消极的东西。当倾听者的核心信念被触发时，这一倾听障碍就十分常见。

判断：当倾听者快速判断正在交流的内容时，她就会停止倾听对方的话语，她会错过某些内容或对方表达的意思。因此，沟通的信息就会被扭曲。这一障碍通常见于倾听者的核心信念被触发时或他们与自己的消极情感反应作挣扎时。

做梦：做白日梦会破坏双方的沟通。

识别：这一障碍会改变沟通的方向。在这种情况下，倾听者会打断对方的话语转而分享自己的经历，结果就是说话者无法完整叙述自己的故事。

建议：当说话者没有完全结束自己的沟通或没能彻底分享自己的经历时，倾听者的打断和建议会扰乱双方的沟通。

争吵：争吵会阻碍沟通的进行，因为倾听者急于表达不同的意见或争论。

自我证明：当倾听者在沟通过程中长篇大论地证明自己正确的时候，沟通也会受到阻碍。

切换：如果倾听者在沟通的过程中突然切换话题，双方的沟通也会受到阻碍。

安抚：倾听者只顾着顺从对方、支持对方，因此他们根本没有认真倾听对方的话语。在这种情况下，沟通也会受到阻碍。

我们都会有意无意地陷入倾听障碍。毫无疑问，倾听障碍行为是一种消极的习惯，它会阻碍我们建立健康的倾听方式，成为我们建立有价值的人际关系的绊脚石。认识自己的倾听障碍，这样我们就能向健康沟通迈进一步。

识别自己的倾听障碍

大部分人都不知道自己的倾听障碍。这一练习能够帮助大家认清自己的倾听障碍。当我们能较好地理解自己的倾听障碍时，我们就能成为更好的沟通者，而良好的沟通能够帮助我们建立健康的人际关系。

在笔记本中记录让你感到难受、让对方感到难受或者产生误解的一次互动。请回答以下问题，并把答案写到笔记本上：

触发倾听障碍的东西是什么？（描述对话的话题、人物和情境。）

你实施了哪些障碍行为（比较、读心、排练、过滤、判断、做梦、识别、建议、争吵、自我证明、切换、安抚）？

莫妮克（Monigue）拥有抛弃和失败核心信念。让我们来看看她的答案：

触发倾听障碍的东西是什么?

每次有人对我说“我需要和你谈谈”的时候,特别是我男朋友。

你实施了哪些障碍行为?

过滤。每次听到这样的话语,我就会停止倾听,而去想是不是自己出了什么问题。因为我觉得他们的话会使我难受。

显然,在与自己的男朋友或其他人沟通的时候,莫妮克错过了很多重要的信息。当我们知道自己的倾听障碍时,我们就能轻易地知道它们的消极影响:扭曲沟通和限制关系体验。敞开心扉是发展健康关系的关键途径之一,这要求我们认真倾听对方的任何话语。

主动倾听

主动倾听是建立持久、有爱关系的必要技巧。主动倾听要求我们全心全意地投入到沟通的过程中,要求我们认清自己的倾听障碍。主动倾听不仅需要倾听并专注于对方的话语,还需要主动回应对方。回应的方式包括话语、身体语言、眼神交流,这些都能表明我们正在倾听。

以下三个步骤能够帮助我们成为一名主动的倾听者，促进我们与其他人的健康交流。当我们根据对方的话语提问时，当我们客观地提供反馈时，对方就知道我们正在认真倾听。如果我们能够正确、及时地使用这一技巧，我们就能成功消除（或至少极大地减少）偏差、认知扭曲和倾听障碍。

第一步：意译

所谓意译，就是用自己的语言重述对方所说的话。每当对话的内容触发我们的核心信念时，我们必须意译对方的话语，这样才能够消除那一刻的误解。这一点十分重要，它能够消灭错误的假想和认知扭曲。此外，意译是记忆对话的有效工具，有助于清晰沟通。

第二步：澄清

澄清是意译的延伸。澄清就是提问，直至搞懂对方的话语。这一步可以让我们对所沟通的问题了解得更加透彻。此外，这一举动还能向对方传达这样的信息：我正在积极参与沟通。

第三步：反馈与确认

最后一步是从谈话中获取信息并以客观公正的态度谈论和回应对方的话。这就是反馈。反馈能够为我们提供分享自己想法和感受的机会。有时候，我们能够理解对方传递给我们的信息，但是我们不清楚对方的感受，所以我们也需要把自己理解的信息与对方确认。这时，我们可以说："我能够理解你的想法，但我不确定自己是否能够理解你的感受。"

反馈与确认不仅有益于自己，还能帮助对方。通过我们的反馈，对方能够更好地了解自己的沟通效率，而确认能够及时纠正误解。在进行反馈与确认时，我们需要注意三大规则：及时、诚实、支持。

主动倾听是一种强大的、健康的沟通工具。主动倾听能够消除障碍，能够让我们听清对方的话。这一技巧可以防止我们陷入核心信念引起的恶性循环之中。

表达需求

上次你告诉他人自己的需求是在什么时候？其实，我们经常需要表达自己的需求，但是我们是否能巧妙地实施这一举动呢？从表面上看，表达需求很简单，但其实它有一定的挑战性。为什么向他人提出要求会如此困难呢？我们强迫自己接受需求得不到满足的情况，我们忽略它们，甚至告诉自己我们没有需求，我们只需要满足其他人的需求。问题是，我们的逻辑并不能让我们靠近自己需要的东西，相反，它会使我们与需求渐行渐远。

你是否已经数年没有表达过自己的需求了？现在被要求说出自己的需求是不是很不习惯？我猜大家都有渴望的东西——意识之中的或者意识之外的，只是长期以来，我们忽略了它们，把它们晾在一边，觉得它们只会把情况弄得更加复杂，或者担心自己的需求遭到拒绝——因为周遭的环境可能对我们施加了很多压力。最终，当要表达自己的需求时，沟通的过程就不会很顺畅。钟摆总是来回摆动多次才能在中间停下来，这跟表达自己的需求是同一个道理。如果我们从来不表达自己的需求，那么在提出要求时就会显得笨拙。

有些人总是能够轻易表达自己的需求，而我们总是被他们吸引。但我们自己在这方面却很挣扎，不太敢承认自己的需求，我们必须鼓起勇气才敢向他人坦露。我们挣扎的原因部分在于我们担心自己的需求不会被理解、不会被满足，甚至认定了这就是事实。太多的经历、记忆和情感提醒我们要记得自己的需求。但这种经历不一定很强烈。为了让我们的行为不那么吓人，我们需要分解自己的需求。我们要分析下：我们的需求是因过去的故事引起的吗？还是为了回应当下的情境？还是过去20年需求没有得到满足的经历使我们耿耿于怀？根据关系的持续时间和你的了解程度，你觉得自己的要求合理吗？你的需求现实吗？你是不是深受记忆的影响？你是否渴望通过现在的关系弥补过去得不到关心、保证、爱护和理解的经历？

你可能觉得自己的需求一辈子都没有得到满足。我们的需求和现实之间存在着巨大的鸿沟。鸿沟越大，痛苦、失望、愤怒、挫败、怨恨、悲伤、孤独的空间就越大。没有人能够帮助我们消除这些感觉，不管我们遇到什么情境、不管我们掌握什么技能，这些感受还是会萦绕在心中。它们是我们人生经历的一部分。一旦被触发，它们就会打扰我们。而我们对待这些感觉的方式能够影响这个鸿沟的大小：触发行为可以扩大鸿沟，而实施健康的应对策略和技巧能够缩小鸿沟。

不幸的是，没有人能够实现自己的所有需求。**如果我们心中藏着许多没被满足的需求，那么世界上没有任何人能帮助我们消除痛苦**。幸运的是，虽然内心需求和没被满足的状态能够产生痛苦，但痛苦的多少是由我们自己控制的，也就是说，需求不被满足本身就会产生痛楚，但很多额外的痛苦是我们强加给自己的，我们是能够控制这部分痛楚的。

在第一章和第二章中，我们已经探索了自己过去的经历，我们已经了解自己的故事。鸿沟就是所需和所得之间的距离。你是否已经深陷鸿沟难以自拔，就像你被困在过去的故事中一样？ 这一鸿沟对你有益还是使你更加难受？它是否能够帮助你建立自己梦寐以求的健康关系？是时候抹去故事的阴影了。故事已经过去，它对现在的我们毫无益处。让我们关注当下，认清自己的真正需要。

识别自己的需求

请求他人满足我们的需求之前，我们首先需要花点儿时间认清自己的需求，将自己的需求与过去的经历分开。这一练习能够帮助我们识别过去的经历，它能够让我们分清过去未被满足的需求与当下的真正需求。我们应该关注的是当下的情况、正在交往的人的经历和由此产生的需求，而不是过去的经历。

如果我们能够确定自己的需求完全来自当下的情况，如果我们已经找到了合适的表达人选，我们就可以坦白自己的需求了。

在表达自己的需求时，请参照以下准则：

- 我们不应责怪他人，也不应指出他人的过错。（例如："我不允许你疏远我、冷落我。"）
- 我们不应该贬低对方，也不应该评价对方的行为。（例如："请你不要对我那么挑剔。"）

♥ 确保自己的需求是"有形"的（例如："在看电视的时候，你能握住我的手吗？"），不要表达"无形"的需求（例如："我想你对我更加亲热。"）。

♥ 一次不要要求太多。表达需求应该是一个循序渐进的过程。请切记，需要必须是在当前情况下决定的，否则我们就会陷入慢性的失望状态中。请记住，没有人能够弥补我们过去未被满足的需求，我们应该学会放下。

表达出来的需求不一定就能被满足，但表达需求能够让我们消除误解。有时候，我们藏着的需求可能就是对方期待我们表达出来的，渴望帮我们实现的。表达需求也会导致愤怒、失望、怨恨的发生，表达需求还可能把情况和关系复杂化，但如果我们的需求是当下的，如果我们能够清晰地将其表达出来，我们就更可能拥有健康、有爱的人际关系，我们就能满足自己对人际关系的渴望。

确　认

我们都很熟悉“确认”这一术语。但大家是不是都知道它真正的含义呢？为什么确认是建立健康沟通的重要因素呢？确认分为语言确认和非语言确认，它们都能向对方传递这样的信息：我们在聆听他们，理解他们的话语、感受和做法。确认不代表同意，也不代表不同意。确认只是向对方传达我们理解他们的经历，认同它们的真实性。为了达到确认的目的，我们需要温柔地询问对方问题，探索对方的想法和感受。

确认是一项非常重要的沟通技巧，为了创造健康的交流循环，我们必须掌握它。当对方表达他们的想法和感受时，如果我们能够认真倾听、真诚确认，如果我们不表达任何反对意见、不表现愤怒、不发表判断和不施加伤害，我们就能降低沟通产生的不必要的消极影响，增进彼此之间的信任感和亲密感，这就是确认的抚慰效果。

更为重要的是，确认能够增加自我表露。如果我们在练习自我表露时，对方能确认我们的想法和感受，甚至为了更好地了解我们的话而向我们询问，我们就能更好地实现自我表露。当对方确认我们的话时，我们就能更自然地表露自己的私人信息。

在成长的过程中，我们可能没有获得足够的确认。甚至，我们的情绪、需求、渴望和见解通常不被确认。毫无疑问，这会让我们产生失望感、挫败感、愤怒、伤心、压抑、焦虑，我们会感觉自己配不上那些美好的东西、自己没法与他人产生联系或感到孤独。这说明我们的童年缺乏情感安全，甚至经历过与抛弃相关的情感隔离。

如果我们与最亲近的人分享自己的感受而没有获得他们的情感支持，他们甚至还伤害我们、背叛我们、操纵我们或者利用我们，这些经历就会导致我们拥有多疑和虐待等核心信念。如果我们分享自己的感受而得不到对方的理解和帮助，我们就会拥有情感剥夺这一核心信念。

而拥有自我否定核心信念的人通常遭遇过这样的经历：在向他人分享自己的感受时，最亲近的人觉得他们有缺陷，他们就会觉得自己不值得被爱。有些人在童年的时候经常被看低、被忽略、被嘲笑，他们觉得自己比不上同龄人或自己的兄弟姐妹，他们不敢表达自己的感受，这是失败核心信念的典型例子。如果我们不被确认，我们就不能获得确认带给我们的情感益处。

当他人理解并接受我们的想法、感觉和需求时，我们就会感到宽慰、舒畅和欢心。感觉被理解和被接受具有强大的威力。

什么是确认？

我相信绝大部分人都没有太多**确认**的经历，让我们先来看看一些基本概念。首先，让我们了解一下什么能够起到确认的效果。

♥ **真实**。确认对方的经历或感受的真实性具有强大的威力。如果我们以“我能看出来你很害怕”来回应对方的“我很害怕”，这就是确认对方的话。相反，如果我们用“没什么好害怕的”来回应对方，我们就没有确认对方的话。换句话来说，如果对方确实在经历害怕，那它就是真实的，它就值得被确认。

♥ **合理**。所谓合理，是指我们在某一特定的情况下根据自己的童年经历或经验做出的合理反应，包括反应不足或过度反应。例如，如果对方将愤怒与身体暴力联系在一起，那么当这种情绪出现时，对方就会变得更加激动或恐惧。如果我们回应“我能够理解你为什么会有这样的反应”，这就相当于我们确认了对方的行为。

♥ **正常**。这包括确认大多数人做出的典型反应。通常，我们会这样确认，“我的想法和感觉跟你是一致的”或者“我也会做同样的事情”。

我们应该确认什么？

现在让我们来看一看什么东西值得我们确认。

♥ **情绪**——确认情绪对于我们的沟通至关重要。我们需要确认积极的情绪，也需要确认消极的情绪。当对方确认我们的消极情绪时，我们就会感到舒心；当对方确认我们的积极情绪时，它们就会继续滋长。无论是确认消极的情绪还是积极的情绪，它们都有助于我们增进彼此的关系，有助于我们更全面、更透彻地理解对方的经历。

- **希冀和欲望**——一个人的希冀和欲望包含着很多重要的信息。本章的自我表露部分告诉我们：希冀和欲望包含的信息正是我们需要坦露的信息，只有当我们不再隐藏这些信息时，我们才能丰富自己的人际关系。对表露的确认能够促使对方表露更多的隐秘信息，确认希冀和欲望也不例外。

- **信念和见解**——当我们确认对方的信念或见解时，对方就会感到被尊重和被理解。因此，即使他人的信念和见解与我们不同，我们也要尽力确认它们。

- **行动**——确认对方的行为实质上是在向对方传达这样一个信息：我在留意你，我很关心你。

- **遭难**——确认对方剧烈的痛苦能够表达我们的理解、关心、接受和支持。

同理心

同理心是一项十分重要的技能，它能够帮助我们建立更深层次的、更持久的关系，因此我们必须掌握这项技能。正如我在本书开头提到的，我们都有核心信念，它们是由痛苦的经历或事件产生的。这种痛苦将会伴随我们一生。正因如此，让我们以慈悲之心来看待每一个人，因为为了生存，我们每个人都在锲而不舍地挣扎、坚持不懈地管理痛苦。这听起来似乎不太现实，但每天我们确实都在为生存战斗。这是全人类都无法避免的命运，是人类共有的“分母”。

虽然我们都在为生存战斗，但是每个人的表达方式不一样。我们可能对其他人处理痛楚的方法不太认同，但我相信每个人都有同理心，所以我们能够接纳不同的行为。

同理心不是赞同。**所谓同理心，就是与他人的经历相连，对他人的感觉感同身受**。当我们必须面对极其棘手的人时，我们可以把他们想象成孩子，这样我们就能与他们相连，这就是所谓的同理心。

道　歉

当我们能够与他人的经历相连时，我们发现他人可能会因为我们的话语或行为受伤。道歉是一种很强大的工具，它能够缓解对方的痛苦。另外，道歉还可以让对方感受到我们真的理解他们，与他们的经历相连。

大部分人根本不懂得如何道歉，这通常是因为他们的父母没有给他们树立良好的榜样，也很少向孩子道歉。至少在过去的几代人中，道歉被视为懦弱。拥有自我否定或失败核心信念的人不愿意道歉，因为他们害怕道歉会凸显自己的无能、缺陷或失败。

大多数人都会以积极的态度接受道歉。道歉使用的措辞很重要。我们必须真诚地向对方道歉，同时我们还需要考虑对方是否能感受到了我们的真诚。想要他人接受我们的道歉，我们必须让对方感受到我们真的“知错”了，我们真的了解自己的语言或行为伤害了他们。道歉必须能够传达这样的信息：**我们愿意为自己的言语和行为负责任**。正确的道歉需要练习，千万不要怕麻烦，道歉是一项很重要的技能，想要建立持久有爱的关系，我们必须培养自己的道歉能力。

本章为大家介绍了一些沟通技巧，它们都是建立健康有爱的关系的基础。这些技巧都十分重要，它们互相影响、缺一不可。此外，练习是掌握这些技巧的根本途径。因此，请大家经常运用它们。我们必须能够自然地接受这些概念，这样当机会来临时，我们才能更好地武装自己，进行健康的对话。当我们失去动力时，当我们怀疑自己的能力时，当我们觉得自己不能做出必要的改变时，不妨回顾一下“识别自己的价值观”这一练习，看看自己确认的价值观，这样我们就能获得动力。

加油，你可以做到。

第十章

关系不伤人：如何建立一段新的关系？

在人际关系中，我们都必须面对这样的挑战，那就是模糊性，特别是在交往初期。我们想要知道接下来会发生什么，于是我们开始幻想、猜测，我们脱离了现在而陷入未知的将来。但是，正如我们了解到的，停留在过去对我们有害无益，深陷不确定的将来也没有任何用处，而且它们还会成为强大的分神因素。因此，让我们保持清醒、留心当下、活在当下。

我想让大家把关系视为通往自我认识、自我同情和自我关爱旅程的延续。让我们带着现实但充满希望的期待走完这一站。这段旅程至少能够让我们更好地了解自己，练习本书提供的工具和技巧。

6个月前，为了去除晒斑，我去看了皮肤科医生。治疗后的几周，这些晒斑便逐渐消褪甚至消失了。几天前，我再次拜访了皮肤科医生。我说："我不明白为什么我又开始长这些斑了。我从来不在太阳底下走路，跑步也是在清晨，平时我还会涂抹防晒霜。"医生回复道："没错，你的行为都是正确的，它们都能有效防止皮肤的再次损伤。但是，现在浮现出来的斑是以前的损伤所致——13岁时，你在夏威夷被晒伤；大学春假期间赴墨西哥旅行，你再次被晒伤。"我认为，这种情况就和我们的核心信念一样——为避免进一步受伤，我们也能够通过改善自己的行为来进行治疗；但过去的伤害并不会完全消失，有时候，顽固的经历会再次浮现，我们能够做的就是以最好的方式处理它们。如果我们能够正确运用本书呈现的技巧和工具，我们就能获得更加成功的人际关系。但这并不代表核心信念不会被触发，并不说明我们不需要处理过去的伤痕。相反，关系很可能会触发我们的核心信念及伴随核心信念而来的想法、情绪和行为冲动。它们是无法避免的。重要的是我们能够运用学习到的技巧，让自己活在当下，让自己做出对自己有益的行为。

当我们试图与他人建立新的联系时，我们会感到困惑、不知所措或疑惑，这是不可避免的，也是可以理解的。第一次见面的时候，我们很容易被互动和具体情境绊倒。交往的世界充满了不确定性和模糊性。但是请记住：**现在的我们更加了解自己了，我们可以下意识地主导自己的社交活动**。

正如我们已经知道的，我们都拥有核心信念。让我们来看一看如何处理他人的核心信念，在这个过程中，我们要确保自己能够很好地管理自己的核心信念。

他人的核心信念

在意识到自己的想法和行为的同时，我们也要留意对方的情绪和一举一动。这样我们就能够做出有根据的猜测，大概知道他们的核心信念。请记住：**核心信念本身不会制造问题，引起问题的是我们回应核心信念的行为**。因此，轻松对待核心信念的内容即可，千万不要做出评价。对方的行为反应和他对待你和他人的行为可能对我们有一定的影响。

如果我们拥有抛弃这一核心信念，我们就会发现自己对一切退缩行为和拒绝行为都十分敏感。虽然某些行为让我们感到不舒服，但它们是可以被接受的，我们必须容忍这些行为，这对我们十分重要。一个人的行为模式会随着时间的流逝而显现出来，因此我们需要耐心观察、耐心等待。时间会告诉我们对方是否可靠。关系中的模糊性和不确定性是不能避免的，特别是在关系建立初期，我们需要利用正念以保证自己关注现在，活在当下。我们还需要做一些分神活动，它们都能帮助我们处理这些模糊性和不确定性。让我们回顾一些对我们不利的人群的行为模式：

♥ **不可预测**——他经常取消计划、改变计划，他喜欢临时做决定，任何常规的沟通都不奏效。为什么不可预测的人会如此吸引我们呢？这是因为他的出现就像个奇迹，我们很容易被这样的人诱惑。小心，这些人会让我们陷入情绪迷雾中。

♥ **不稳定**——这类人的人生总是处于巨大的变化之中。他们要么经常搬家，要么频繁更换朋友。与大部分人相比，他们非常频繁地更换工作。他不介意也有能力随时离开。这类人也容易诱惑到他人，因为他们显得无忧无虑。然而，这类人不适合我们。

♥ **难以接触**——与这类人在一起时，我们十分安心，他们完全投入，好像与我们一体，但是他们又会不知不觉地消失——我们根本不知道发生了什么事。你们可能刚刚才度过了一个愉快的夜晚，还计划着下次约会的时间，但是这两天他好像消失了一样，你收不到他的任何信息。

不稳定的人无论如何都不能成为我们的良好伴侣。至于不可预测和难以接触的人，我们需要花点儿时间了解他们的本质，了解他们的行为是交往初期的暂时性行为还是固定的行为模式。

比莉（Billie）在一家餐厅撞见了罗比（Rob）时，他们都在跟自己的朋友吃饭。罗比走到比莉身边把自己的名片递给了她，并告诉比莉他想跟她约会。罗比把第一次约会安排得妥妥当当，比莉对这次约会十分满意，并在两天后进行了第二次约会。但之后的一个星期，比莉没有收到罗比的任何信息。

如果与对方相处感觉不到快乐，如果我们不喜欢他们的陪伴，那么我们就能轻易拒绝与他们见面。问题是，如果相处的时光很快乐，停止见面就显得有点儿困难了。但是，即使再快乐，不稳定的交往也会缺乏乐趣。这就是为什么我们必须留意自己的感受，无论是在约会中还是在等待约会的时间里，这是十分重要的。写下自己的想法、感受和观察，把约会和沟通的过程也记录下来。如果胡思乱想和担心的时间比快乐的时间要多，那我们可以得出这样的结论：这个人不适合自己。

警告标志

我们除了需要防范触发我们核心信念的“有毒”人群外（抛弃人群、虐待人群、批评人群、毁灭人群和剥夺人群），还要注意吸引我们的人。因为喜欢，你可能会深陷其中，但是这种关系可能是不健康的。下面我给大家罗列了一张行为清单。我建议大家做好相应的记录。虽然这种做法有点儿无聊，但是我们不能掉以轻心，因为初期关系可能很迷人，但这恰恰是我们忽略对方的行为模式的原因，我们可能会因此而掉进陷阱。

♥ **极端想法者**——拥有这一特征的人看待任何事情都非常极端，他们对待任何事情的态度都十分强烈。他们不太能理解和接受与自己不同的意见。

- **法官**——类似于拥有极端想法者，这类人的态度十分强硬。他们对事物的看法往往很苛刻、很固执。

- **外归因者**——这类人会把发生在自己身上的事情都归咎于其他人。例如，他们可能会说：“那个警察居然给我开了一张超速罚单，真是个笨蛋。”但是，他们对自己的超速行为只字不提。千万小心这种人，有事时他们肯定会责怪你的。

- **前任谈论者**——这类人总是无休止地谈论自己的前任。按照他的说法，前任是世界上最坏的人。他总是埋怨前任，他总是认为一切问题都是前任的错，至于他们的关系为什么会结束，他觉得自己不用承担任何责任。

- **受害者**——这类人与外归因者有着相似的特征，唯一不同的是他们更加被动。他们总是认为糟糕的事情只会发生在自己身上，其他人都在占他们便宜。

- **开玩笑的人**——每个人都喜欢开玩笑，但是这类人总爱用幽默来掩饰对他人的蔑视。他们挖苦他人的话不但不好笑，还很伤人。

- **固执的人**——这类人总爱一成不变，总是按照同一种方式行事。他们十分刻板，不喜欢接纳新的做事方法。

- **批评者**——这类人总是挑剔所有的人和事。事实上，我们会有这样的感觉：他们在故意寻找借口批评他人。

♥ **唐璜**——这类人总在不断调情。他们不仅不适合我们，还会贬低我们的价值。

♥ **占有者**——这类人总是怀疑和嫉妒我们拥有的一切人际关系，他们总希望我们能把所有心思放在他们身上。

♥ **理想化的人**——这类人会把你放在最重要的位置并崇拜你。但糟糕的是，不久后他们就会开始厌倦你。

♥ **悲观者**——即使是极其细微的事情，悲观者也会把它们视为大灾难的预兆。他们总是悲观地看待这个世界，我们根本没法和这样的人建立健康的人际关系。

请把这些行为的频率记录下来。如果它们是固定的行为模式，那它们就会成为我们建立健康人际关系的绊脚石，我们必须当心。处理这类问题时，我喜欢使用“事不过三”的原则。大家也可以留意对方做出这些行为的次数，以1个月为限度，然后把它们记录在你的笔记本中。

他人的价值观

在这一段旅程中，我们确定了自己的价值观，我们努力地按照自己的价值观生活。因此，**与我们交往的人，他们的价值观必须与我们的一致，这是十分重要的一点**。所谓一致，不是说一模一样，而是相容。显然，刚开始交往的时候，我们不可能要求对方罗列自己的价值观，但是随着了解的深入，我们就能做出有根据的猜测，这是十分容易做到的事情。例如，如果对方参与社区服务或加入慈善组织活动，那么我们可以猜测他是一个有爱心和同情心的人。如果他经常锻炼，注意饮食，那么我们就能得出这样的结论：他重视健康和生活。

我们很容易在新的关系中迷失，暂时忘记自己的价值观。

茉莉（Molly）在和吉姆（Jim）约会时就有过这样的经历。他们相处得非常快乐，他们在一起已经有一段时间了。因为相处得很快乐，她忽略了吉姆的一些行为——嫉妒和多疑。在建立关系3周后，她收到了吉姆的信息，上面罗列了他所爱的东西。里面只有一样是茉莉很乐意知道的，其他都与茉莉的价值观不一致：报复、酗酒、金钱。从那一刻起，茉莉意识到吉姆不适合自己。

在人际关系中，我们都必须面对这样的挑战，那就是模糊性，特别是在交往初期。我们想要知道接下来会发生什么。于是我们开始幻想、猜测，脱离了现在而陷入未知的将来。但是，正如我们了解到的，停留在过去对我们有害无益，深陷不确定的将来也没有任何用处，而且它们还会成为强大的分神因素。

因此，让我们保持清醒、留心当下、活在当下。